TURING 图灵新知

数学与生活 4
函数是什么

[日] 远山启——著

逸宁——译

人民邮电出版社
北京

图书在版编目（CIP）数据

数学与生活 . 4，函数是什么 /（日）远山启著；逸
宁译 . -- 北京：人民邮电出版社，2023.12
（图灵新知）
ISBN 978-7-115-63017-9

Ⅰ. ①数… Ⅱ. ①远… ②逸… Ⅲ. ①数学—普及读
物 Ⅳ. ①O1-49

中国国家版本馆 CIP 数据核字 (2023) 第 202425 号

内 容 提 要

本书为日本数学家远山启的函数科普作品，书中以"理解函数"为线索，以
人物对话的形式，从算术开始逐步讲解函数的本质概念及其发展，为读者完整呈
现了函数概念，并引导读者理解"从静止走向运动、从离散走向连续、从运算走
向关系"的数学思想。

本书可作为理解函数的科普读物，也可作为函数教学的参考资料。

◆ 著　　　　　[日] 远山启
　　译　　　　　逸　宁
　　责任编辑　　魏勇俊
　　责任印制　　胡　南
◆ 人民邮电出版社出版发行　　北京市丰台区成寿寺路 11 号
　　邮编　100164　　电子邮件　315@ptpress.com.cn
　　网址　https://www.ptpress.com.cn
　　大厂回族自治县聚鑫印刷有限责任公司印刷
◆ 开本：880×1230　1/32
　　印张：6.125　　　　　　　2023 年 12 月第 1 版
　　字数：121 千字　　　　　2024 年 11 月河北第 5 次印刷
　　著作权合同登记号　　图字：01-2023-4203 号

定价：59.80 元
读者服务热线：(010)84084456-6009　印装质量热线：(010)81055316
反盗版热线：(010)81055315
广告经营许可证：京东市监广登字 20170147 号

目　录

第一章　黑箱理论

登场人物

博：一名初中男生。总的来说，从博上小学起，数学成绩还算不错。然而，自从他接触了函数就突然连数学的门都摸不到了。

笑：一名初中女生。她与博是堂兄妹。和博一样，函数的出现也让笑对学习数学丧失了自信。

三四郎：博和笑的叔叔。他是一名数学家，在一家研究所工作，独自一人居住在公寓里，过着单身生活。博和笑的父母都称这位弟弟是个"怪人"。然而，博和笑都很喜欢这位叔叔。

1. 名称的由来

博：最近我们数学学得一塌糊涂，所以今天向叔叔请教来了。

三四郎：你们以前数学不是挺好的吗？

笑：如果像小学那样只是学习数和图形的话，我是非常擅长的。然而，自从开始学习函数，我是一头雾水。

三四郎：原来是这样。你们学不懂函数啊。没关系，你们不必那么焦虑。

博：您为什么这么说？我们正为学不会函数发愁呢。

三四郎：我不是说学不会没关系，而是说不会的人可不止你们两个。所以，放心好了。

笑：可是，我们经常碰到函数问题，如果搞不明白就真是走投无路了。

三四郎：以前有很多人自始至终都没学懂函数，稀里糊涂地就毕业了。

博：我才不要呢。我做不到那么超脱。

笑：我也是。虽说函数很难，但越难我越想学会它。

名称的含义

三四郎：既然这么有斗志，就让我来教一教你们吧。首先，我们简单说说函数这个名称的由来。

你们知道函数对应的英语是什么吧？

博：我曾听老师说过，但是没记住。

笑：我记得好像是 function。

三四郎：没错。函数 ① 是由英语单词 function 翻译过来的。法语是 fonction，德语是 Funktion，虽然拼写上略有差异，但它们的词根是一样的。毕竟欧洲各国的语言似乎如出一辙。

请翻开手边那本词典，看看 function 的释义吧。

笑：（翻开词典）嗯，function 有好几个义项，有功能、职责、职务、任务等。

> function['fʌŋkʃən] *n.* 功能，职责，职务，任务，庆祝仪式，【数】函数。*vi.* 行使职责，起作用。

三四郎：排在最前面的义项是"功能"。那么，简单来说，功能是什么意思呢？

博：是什么意思呢？嗯，是"作用"的意思吧。

三四郎：请用"功能"一词造句，试试看。

笑："胃的功能是消化"，这句怎么样？

① 日语中写为"関数"。

三四郎：可以。

博："美元正在逐步丧失国际通用货币的功能。"

三四郎：知道得还挺多，了不起啊。

博：我记得好像在报纸上看到过这句话。

三四郎：function 的日文译法为功能，也就是"作用"的意思。

博：那么，在数学中为什么不把 function 称为"功能"，而是翻译成了如此生僻的"関数"呢？

三四郎：让我来告诉你们其中的来龙去脉吧。西方数学在被引入日本之前，先来到了中国。当时 function 被中国人翻译为"函数"。

笑：也就是说，以前书本上不是"関数"而是"函数"。前几天我给叔叔您展示我的课本时，您曾说："嚯，现在变成関数了吗？我小时候学的是函数。"

三四郎：以前日本书本上出现的也是"函数"。不过，后来换成了"関数"。这种变化或许是为了赋予其"有关系的数"之意。二者的读音①是相同的。

博：在中国为什么使用"函数"呢？

三四郎：具体原因我也不太清楚。

笑：但是，日本人无法理解"函数"的含义。

博：为什么要用这么难懂的名称啊？

三四郎：你们说得有道理。明明翻译成"功能"或"作用"

① 在日语中"関数"与"函数"的发音均为"KANSUU"。

都可以，非要单单在数学领域中发明"函数"这个特殊的专业术语。由于使用了如此特殊的术语，让人感觉数学似乎是一门与凡人无缘的神秘学问。

笑：不过，如果使用过于普通的词语，不知是否有混淆的担忧。

三四郎：我认为这种担心大可不必。我们可以根据语境来判断词语要表达的意思。

笑：我们翻开词典会发现一个单词可能有好几种完全不同的意思。

博：虽然英文的 bat 可翻译为"球棒"或"蝙蝠"，但是它们出现的语境不同，所以不会发生混淆。

笑：也就是说，在一般情况下文中的英文单词 function 可理解为"功能"或"任务"的意思。若 function 出现在数学相关的书中，则表示"函数"的意思。

三四郎：是的。所以只要使用过程中注意区分即可。

博：那么，可以说英语中的日常用语与专业术语之间是没有壁垒的，对吧？

三四郎：基本上可以这么说吧。不仅英语如此，法语和德语也几乎与之相同。

function 的创始人

笑：那么，是谁创造了 function 这个术语呢？

三四郎：它的创始人是莱布尼茨（Gottfried Wilhelm Leibniz，1646—1716）。你们听说过莱布尼茨这个人吧？

笑：我记得他好像是德国的学者。

博：他是微积分的发现者吧。我曾经听老师说过。

三四郎：没错。牛顿（Isaac Newton，1642—1727）和莱布尼

莱布尼茨（画作者：盐见荣一）

茨是微积分之父。另外，莱布尼茨还是电子计算机的开山鼻祖。由于当时研究者不了解电的应用方法，莱布尼茨便制造出了机械式计算机，这种计算机与今天的电子计算机不同。所以，也可以说他是计算机的开山鼻祖。

博：他可谓无所不能啊。

三四郎：无论从事什么工作，他都能在相应的领域干出一流的成绩。

笑：可是，妈妈告诉我做事情要专一，否则容易导致一无所获。

三四郎：对于大多数人来说，同时做多件事最终大都以一事无成告终。但是，莱布尼茨的数学和哲学都是一流的。而且，他的本职工作其实是外交官和图书馆馆长。

博：居然有这样的全才啊。

三四郎：偶尔会出现这种无所不能的通才。莱布尼茨就是其中的一个典型代表。

笑：function 这个术语是由莱布尼茨创造的吗？

三四郎：在他 1694 年用法语撰写的一篇论文中出现了 functiones 这个词语。它由 functio 的词尾发生变化而来。functio 是拉丁语，相当于英语中的 function。

博：我现在虽然知道了 function 这个名称是由莱布尼茨创造的，但在此之前是不存在函数吗？

三四郎：不对，很早以前就有函数了，只不过是莱布尼茨最先对其进行思考的。

笑：到底是怎么回事？请您具体解释一下吧。

三四郎：嗯，该举个什么样的例子呢？例如"哺乳类"这个词语很久之前也是不存在的。这一名称是由现代生物学家创造出来的。但是，几百万年前就有牛、马、狗等哺乳类的动物。函数的情况和这个例子差不多。

2. 机器人与黑箱

机器人的功能

博：我已经明白函数这个名称是怎么来的了，那么函数究竟是什么呢？

笑：function 具有"功能"的含义，可是直接套用到数学中还是不明白什么是函数。

三四郎：你说得很对。那么，就让我们先从与数学没有直接关系的话题开始说起吧。你们俩都知道机器人吧？

博：连小学生都知道。不就是能够完成既定工作的机器吗？

三四郎：让我们使用"功能"这个词语来解释一下机器人的含义吧。

笑：机器人是具备某种功能的机器，可以这么说吧？

三四郎：这么说是没有问题的。

博：机器人是接收某种指令后表现出相应既定功能的东西。

三四郎：或许可以这样说：所谓机器人，就是指一旦受到来自外部的某种冲击或刺激，就会启动既定功能的设备。机器人的工作原理及流程如下页图所示。例如，投币式自动点唱机就是一种机器人，我们只要向其投入钱币后按下自己想听的歌曲的按钮，它就会立马开始播放。

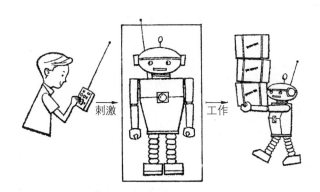

博：还有更加简单的机器人。自动售票机也算是一种机器人吧。

笑：那么，售卖口香糖和饮料的自动售货机也是如此工作的啊。消费者的投币行为属于外部刺激，也就是原因，出来的口香糖或饮料就是结果。

三四郎：是的。刚才笑在不知不觉中说出了"原因"和"结果"这个两个词语，非常难能可贵。或许可以这样说：所谓机器人，就是指具有"一定原因致使出现一定结果"这样一定功能的设备。

博：那么，对于自动售货机而言，投币和按动相应按钮相当于原因，而机器吐出车票、口香糖或饮料则相当于结果。

三四郎：这些商品本来都是由人工售卖的，现在却被机器人或自动售货机替代了。这两种售卖方式有何差异呢？

笑：我觉得在既定功能这一点上没有差异。

博：不对，是有差异的。人善于察言观色，能够做到随机应变。然而，机器人没那么机灵，只会执行既定的任务。

笑：嗯，你说得没错。我们在车站购买车票时，售票员即使收取 1 万日元也能做到精确找零。然而，自动售票机有时不收高面值钱币，遇到这种情况就会很麻烦。

博：如果遇到电车马上发车的紧急情况，人工检票允许我们先上车再找乘务员补票，而机器则不会如此通融。

笑：不过，机器是不会出现失误的吧，尽管它不像人一样懂得通融。

三四郎：是的。也就是说，虽然机器人不通情达理，但它不会犯错。

博：由于机器不知人情冷暖，反而具有耿直爽快的优点。

笑：哦对，我想起来了。有一次我们全家去旅游，旅馆的餐厅里有一个温酒的自动售货机。房客只需向其投入 300 日元，就能得到一杯温度适宜的温酒。因为我知道叔叔您喜欢喝酒，当时还想如果能买台那样的机器作为礼物送给您就好了。

三四郎：谢谢你的心意。不过，叔叔喜欢喝无须加热的洋酒，所以我不需要那样的机器。好了，让我们重新回到机器人的话题吧。因为机器人不像人类那样拥有自由意志，所以它们不知人情冷暖。但是，机器人能够直爽地实现既定的功能。因此，说某个人是机器人是带有轻蔑之意的，旨在表达该人是一个没有自由意志，只会言听计从的木头人。无论是人类变成机器人，还是机器人不再直爽，都是一件麻烦的事。因为如果机器人会随意发挥或酌情处理就乱套了。研发机器人的工程师们把这种具有一定功能的设备称为 black box（黑箱）。

各种各样的黑箱

笑： 是叫作"黑箱"吗？

三四郎： 是的。直译的话，可以翻译成"黑箱"或"暗箱"。如下图所示。只要向这个箱子内放入某种原因，在里面经过一定的过程后就会产生一定的结果。放入原因的行为叫作输入，产生结果的行为叫作输出。

博： 那么，对于自动售票机而言，钱币就相当于输入，而车票则相当于输出。

三四郎： 没错。在英语里输入为 input，输出为 output。

笑：可是，为什么称之为"黑箱"呢？

三四郎：你们知道箱的意思吧？

博：因为感觉像箱子吧？

笑：我知道"箱"的意思，为什么要说"黑"呢？

三四郎：这是因为我们不清楚内部的机关，不过不知道也没关系。

博：我明白了。它是"黑雾"的"黑"吧。

笑：乘客购买车票时确实无须了解自动售票机的内部结构。因为对于乘客而言，只要知道向其投入钱币能出票就足矣。

博：不过，车站的工作人员是知道其内部结构的。因为机器出现故障的时候，他们必须对其进行维修。

三四郎：所谓"黑箱"，就是指"即使不知内部机关也无妨的箱子"。

笑：即使知道内部机关，称其为"黑箱"也行吧。

三四郎：没错。对于了解内部结构的车站工作人员而言，自动售票机也同样是"黑箱"。

笑：这么说来，抽签的箱子也是黑箱吧？

三四郎：哈哈哈……你想出了一个很好玩的例子。让我们来思考一下它是不是黑箱吧。

笑：我觉得是黑箱，因为我们不知道其内部机关。

博：顺着这个思路来看，好像是黑箱。可是，由于我们无从知晓输出结果的好坏，我认为不是黑箱。

三四郎：黑箱的必要条件是即使不知道内部机关也能提前知道产生什么结果。

博：那么，抽签的箱子就不是黑箱。抽签的人没法提前知道中什么签。

笑：可是，老天爷能预测吧？

博：你把老天爷拉出来就过分了。我们可不是神，而是人啊。

三四郎：总之，正如博所言，抽签的箱子似乎不属于黑箱。

笑：我有点糊涂了，自动售票机出票需要投币和按动按钮，这里的输入是两个吧？

三四郎：没错。

博：这么说来，输出也是两个呀。除了车票，还有找回的零钱。

三四郎：是的。虽然我们从外部看车票和零钱出自同一个出口，但应该是分别从箱子内部的不同出口出来的。如此想来，可以认为输出也是两个。

笑：那么这个"黑箱"的示意图就是下面这样吧。

博：如果说输入和输出可以均为两个的话，那么输入和输出的数量更多的情况会怎样呢？

三四郎：输入和输出的数量为多少都没有关系，都能用下图来示意。

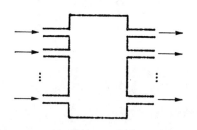

大部分机器都有很多按钮或手柄，因此可以说它们都是一种黑箱。

博：所谓机器，就是指对其进行某种输入后产生某种输出的设备。

笑：如此说来，我们身边有很多黑箱呀。我们可以认为电视机和收音机都是黑箱的一种吧。

三四郎：你们好像已经理解了黑箱的含义。那么接下来就就让我们谈谈函数吧。

练习题

1. 请举出更多"黑箱"的例子。

2. 请向完全没有预备知识的人解释"黑箱"是什么。

3. 函数

抽象的黑箱

博：函数是黑箱吗?

三四郎：也可以这么认为。不过，需要对此稍作解释。简而言之，可以说函数是我们在头脑中构建的黑箱吧。嗯，可以这么解释。

笑：如此说来，即使实际并不存在这种箱子也可以吗? 只要我们想得出来就行……

博：也就是说，这比普通黑箱的范畴更加宽泛吧?

三四郎：是的。即使输入和输出并非具体的实物也没关系，甚至连人类的"思考"都行。

博：对于我们新年玩的百人一首歌牌①而言，负责咏唱的人

---

① 日本镰仓时代，歌人藤原定家依照年代先后，精选了 100 位歌人的每人一首和歌作品，汇编成集，今称为《小仓百人一首》。小仓百人一首歌牌共有两百张，分为一百张"咏唱牌"和一百张"夺取牌"。咏唱牌是用于咏唱出来的，上面通常印有歌人肖像、作者及百人一首和歌，也就是"上句"；夺取牌则是供参与者抢夺的，上面印着日文假名书写的和歌后半部，也就是"下句"。玩法的核心规则为：听上句，抢下句。负责咏唱的人随机抽取咏唱牌，有节奏地朗读上面的和歌；参与抢夺的游戏者边听边迅速地反应这是哪一首和歌并回忆它的下句是什么，然后以最快的速度抢到对应的夺取牌，最后以抢到最多牌的人为赢家。

就像黑箱吧。因为当上句"田子浦前抬望眼"一出口，就是在下达抢夺下句"且看富士雪纷纷"的指示……上句为黑箱的输入，下句则为输出。

笑：负责咏唱的人是可怜的黑箱呀。

博：其实不用人来咏唱也行，只要把上句提前录进磁带，玩的时候播放录音也是可以的。

三四郎：百人一首歌牌中确实也出现了黑箱。举个数学的例子，比如使某个数 x 变为原来的 2 倍后得到一个新的数 y，让我们来思考一下这里的作用或功能吧。此时，用算式来表达上述变化则为

$$2 \times x = y$$

这里的"变为原来的 2 倍"就是一个函数。

笑：感觉像是语句中的动词。

博：x 相当于宾语，"变为原来的 2 倍"相当于动词，对吧？

三四郎：可以这么说。因此，写成

$$2 \times (x) = y$$

能更明确地表达上述变化。你们很清楚"（ ）的 2 倍"的算式表述为 $2 \times ($ ）吧？也就是说，$2 \times ($ ）表示使括号内的变量变为原来的 2 倍。

博：2 与 $2 \times ($ ）是不一样的。2 是个单纯的数，而 $2 \times ($ ）则是"变为原来的 2 倍"这个动词。

笑：$2×(x)=y$ 的意思是向 x 施加 "$2×(\ )$" 的作用后得到 y。

三四郎：此时我们无须打造相当于 $2×(\ )$ 的设备，只要能够在头脑中构建出这一抽象的黑箱即可，如下图所示。

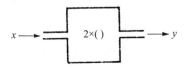

透明箱

笑：我感觉自己好像有点明白了。

三四郎：我们可以用 $(\ )^2$ 来表示 "变为原来的 2 次方" 这一动词。因此，若把

$$x^2=y$$

写成

$$(x)^2=y$$

的形式，则表示向 x 这个宾语施加 "变为原来的 2 次方" 这个动词的作用，会得出结果 y。

笑：用图表示的话，应该是这样。

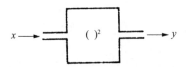

博：此时我们也不必真正打造具有 ( )² 这一功能的黑箱。

三四郎：我们无须亲眼看见这个黑箱，只要在头脑中想象便可。

笑：如果说黑箱是即使看不见内部的机关也无妨的箱子，那么这种即使看不见内部的机关也无妨的箱子可以叫作"透明箱"吧？

三四郎：这是个很贴切的名字。若只是简单地将这种变化写成

$$x^2=y$$

的形式，则只不过是在表述等式左右两边相等而已。然而，如果特意将这一等式改写成

$$(x)^2=y$$

的形式，就可以勉强认为它是一个向透明箱 ( )² 中输入 x 后会输出 y 的函数。

博：为什么说"勉强"呢？

三四郎：因为

$$x^2=y$$

就是一个简单的等式，我们无须格外考虑"函数"和"黑箱"的问题。当我们特意将 x^2 分成 ( )² 和 x 来看待时就向其赋予了新的内涵。

$$x^2 \longrightarrow \begin{cases} (\quad)^2 \\ x \end{cases}$$

博：什么啊，竟然如此无聊。

三四郎：如果说这么做无聊，确实挺无聊的。但是，如果忽视 $(\ )^2$ 这一作用或功能本身，就不会如此简单易懂了吧。因为肉眼是看不见这种作用的。

笑：因此，可以说 $(\ )^2$ 是透明箱吧。

博：我以前看过一部叫《透明人》的电影。那个角色吃下某种药物后变成了他人无法看见的透明人。

笑：类似于隐身术吧?

三四郎：这位透明人明明做了各种各样的事，却不见踪影。不过，他的行为结果是可见的。也就是说，虽然人们看不见施加作用的人，但是能看见其行为带来的结果。其实人们只要发挥想象，就能猜出这位透明人在哪里做什么。

笑：您的意思是说，虽然肉眼看不见透明人，但是头脑中的眼可以看见，对吧？

三四郎：我们通常称之为"慧眼"。

博：也就是说，对于 $(\ )^2$ 而言，肉眼是看不见的，而"慧眼"是能看见的。

三四郎：正是因为只有"慧眼"能看见，才变得难以理解。

笑：莱布尼茨是第一个睁开"慧眼"的吧？

博：也就是说，300 年前谁都没有注意思考过函数。

"和算"与函数

三四郎：关于这一点，我先向你们介绍一个历史背景。日本江户时代的数学叫作"和算"，当时和算作为一门学问发展到了极高的境界，也证明了日本人具有卓越的才能。

博：日本在江户时代处于锁国状态吧。那么，当时和算应该没有受到外国的影响。

三四郎：不能完全这么说，毕竟当时中国数学在日本还是有一定影响力的。你们听说过关孝和（约 1642–1708）的故事吧？

博：他是哪个年代的人呀？

三四郎：他是元禄时期的人，与松尾芭蕉和井原西鹤属于同一时代的杰出人才。

博：那他应该会梳发髻吧？

三四郎：因为是武士，肯定是要梳发髻的。

笑：梳发髻的武士研究数学？真有意思。

三四郎：不必大惊小怪。武
士也不是整天都挥舞刀剑。其实
当时涌现出一批武士数学家。无
论是向国民收取税金，还是给手
下发放薪水，任何地方的大名都
需要懂得算账的人。从事此类财
务工作的人在和算方面都取得了
长足的进步。

关孝和像

博：与当时的欧洲相比有何
差距呢？

三四郎：由于东西方的学术体系和文化传统不同，二者无法
进行简单的比较。不过，当时欧洲的数学研究也取得了很多重大
成果。

笑：那么是谁在和算领域想到了函数呢？

三四郎：我很想介绍这个情况，但是没有人在和算领域提出
函数思想。

博：即使没有函数也能称其为高级数学吧？

三四郎：确实可以说，正是因为和算中没能产生关于函数的
思考，才导致和算研究发展迟缓的。

笑：为什么连关孝和那样的伟人也没能想到函数呢？

三四郎：我也不知道具体是什么原因，不过能够想象得到。

莱布尼茨的函数本来是从因果关系思想出发的。原因相当于输入，结果相当于输出。在牛顿力学中，对物体施加力的作用是原因，物体运动起来产生加速度是结果。他们都是秉持这样的观点来观察自然万物的。可以说，数学吸纳这种因果关系思想后就得到了函数。这就是莱布尼茨提出函数思想的背景。

博：看来其他任何学问与数学割裂开来，都无法取得十足发展。

数学与社会

三四郎：你说得没错。此外，和算还有一个有意思的地方。那就是和算中没有角度的概念。

博：是表示角的大小，单位为度、分、秒的那个角度吗？

三四郎：是的。

笑：那么简单的东西，古人当时为何没有想到呢？

三四郎：让我们来想一想其中的缘由吧。角度到底应用于何种场景呢？

博：嗯……首先，测量的时候会用到。

笑：航海也能用到吧。六分仪就是用于测量角度的仪器吧？

三四郎：江户时期盛行航海了吗？

笑：由于当时日本处于锁国状态，所以不会向辽阔的太平洋等海域远航，但会在日本列岛附近航行吧？

博：原来如此，我明白了。在看不到岛屿的大海中航行，船员需要通过观测星星来进行定位。但是，对于日本而言，锁国的江户时期就没有这个必要了。

笑：可是，伊能忠敬绘制了日本地图，他肯定测量过角度吧。

三四郎：那已经是江户末期了，而且是从国外学来的方法。

博：没有角度的概念与锁国之间似乎有某种关系。

三四郎：好像确实如此。

笑：看来数学与当时的社会似乎息息相关。一直以来，我都觉得数学与社会完全没有关系。

三四郎：所以直到莱布尼茨这位天才出现以后，才有了函数的问世。

笑：不过，前人已经想到了，后人也就容易理解了。

三四郎：当然，前提是要认真学习。

4. 函数的符号

三四郎：我想你们已经基本了解了什么是函数。下面我来介绍一下函数的符号。最初莱布尼茨用下面的符号表示函数。

欧拉

$$x_1, \ x_2, \ \cdots$$

它要表达的意思是第一个函数，第二个函数……

不过，在莱布尼茨之后出现的数学家欧拉（Leonhard Paul Euler，1707—1783）开始使用下面的符号，我们今天仍在使用欧拉创立的符号。

$$f(x)$$

它的黑箱图示如下：

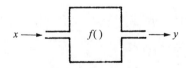

博：也就是说，$f(\ )$ 相当于黑箱，x 相当于输入，而

$$f(x)=y$$

中的 y 则相当于输出。

笑：f 是取自 function 的首字母吗？

三四郎：虽然通常情况下都用 f，但是在必要的时候我们可以指定任何字母。也就是说，用下面中的哪个都没有关系。

$$f(x),\ g(x),\ F(x),\ G(x),\ p(x),\ \cdots$$

博："使 x 变为原来的 2 倍"这句话用日语表达为"x を 2 倍する"，宾语"x"会写在前面，动词"を 2 倍する"会写在后面。所以，我认为写成 $(x)f$ 更合适。

笑："开门"用英语表达为"open the door"，这句话的动词在前，宾语在后。那么顺着这个思路来看，

$$f(x)$$

的书写方式很自然。

博：也就是说，$f(x)$ 是英式的。

三四郎：是的。

笑：如果创始者换成日本人，肯定会写成日式的 $(x)f$ 吧。

三四郎：很遗憾，现在的数学大部分是由欧洲人创立的，所以符号也沿用了他们的惯例。这是没有办法的事。我们只能在认同的基础上使用他们的符号。

博：$f(\ )$ 中的 $(\ )$ 可以理解成输入的入口吧？

三四郎：最初阶段这么理解便于记忆。

笑：虽然同称为函数，但是 $2\times(\ )$ 与 $(\ )^2$ 的内涵不一样吧。如果都用 $f(\ )$ 来表示，就不担心会弄混吗？若 $f(\ )=2\times(\ )$ 和 $f(\ )=(\ )^2$ 同时出现，则意味着 $2\times(\ )=(\ )^2$。

三四郎：你说得没错。函数并非都统一写成 $f(\ )$。如果把 $2\times(\ )$ 记作 $f(\ )$，那么与之不同的 $(\ )^2$ 必须用与 $f(\ )$ 不同的其他符号来表示。

笑：使用排在 f 后面的拉丁字母 g 也可以吧？

三四郎：当然可以。

笑：那么，写成下面这样就没问题了吧。

$$2\times(\ )=f(\ )$$
$$(\ )^2=g(\ )$$

三四郎：数学是一门大量使用符号的学问。相应的使用方法极其自由。不过，我们必须记住一条准则，那就是，要用不同的符号来表示不同的事项。

博：如果不遵守这条准则，就会发生混淆吧？

笑：姓名相同的人不胜枚举，而数学则是各有各的名称。那么，有没有"要用相同的符号来表示相同的事项"这样的规定呢？

三四郎：嗯，怎么说呢？让我们想一想。

博：我认为没有这样的规定。例如，0.5 和 $\frac{1}{2}$ 的含义相同，表现形式却不一样。

笑：的确，$1\frac{2}{3}$ 和 $\frac{5}{3}$ 也是如此，它们分别用了不同的符号来表示。

博：那么，当用不同符号表示的事项相同时，可以用 = 这个符号来建立二者之间的关系。比如：

$$0.5 = \frac{1}{2}$$
$$1\frac{2}{3} = \frac{5}{3}$$
……

笑：当等号的左右两边表现形式不同时才有意义。连表现形式都一样，就不必画等号了。比如

$$0.5 = 0.5$$
$$1\frac{2}{3} = 1\frac{2}{3}$$
……

这么写简直傻透了。

三四郎：等号的意思旨在表达等号的左右两边"虽然有些差异但是相等"。

5. 函数的实例

x 的约数个数

三四郎：函数具有相当宽泛的含义，下面我来介绍一下有些特殊的函数吧。

例如，某个自然数，换句话说就是令正整数为 x，令 x 的约数个数为 $d(x)$。我们可以得到下面的黑箱。

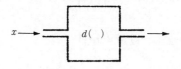

博：也就是说，$d(\ )$ 的意思是"（ ）的约数个数"吧？

笑：这就好比 $d(\ )$ 对放入黑箱的正整数下达了"请算出约数个数"的指令。

三四郎：请你们俩计算一下 x 从 1 开始变换至 20 时所对应的

d(*x*) 的值吧。

博：当 *x*=1 时，1 的约数只有 1 本身，所以可以记作

$$d(1)=1$$

三四郎：没错。当 *x*=2 时呢？

笑：因为 2 的约数为

$$\{1, 2\}$$

所以 2 的约数个数为 2，那么可以记作

$$d(2)=2$$

博：若 *x*=3，则约数为

$$\{1, 3\}$$

3 的约数个数也是 2，所以可以记作

$$d(3)=2$$

笑：若 *x*=4，则约数为

$$\{1, 2, 4\}$$

所以 4 的约数个数为 3，那么可以记作

$$d(4)=3$$

三四郎：非常好。那么，请你们求解一下 *x* 为 20 以内时 *d*(*x*) 的值吧。

博: 请您稍等。我全部都算出来。

x	1	2	3	4	5	6	7	8	9	10
$d(x)$	1	2	2	3	2	4	2	4	3	4

x	11	12	13	14	15	16	17	18	19	20
$d(x)$	2	6	2	4	4	5	2	6	2	6

三四郎: 好,下面请计算 x 从 21 到 30 时的 $d(x)$。

笑: 越来越难了啊。

x	21	22	23	24	25	26	27	28	29	30
$d(x)$	4	4	2	8	3	4	4	6	2	8

三四郎: 从中不难看出,当 x 为质数时,$d(x)$ 的值为 2。因为若 x 为质数,则其约数仅为 x 本身和 1。

博: 由于 2, 3, 5, 7, 11, …质数个数无穷无尽,$d(x)$ 的值也有无限个 2 吧。

三四郎: 由于 $d(x)$ 的输入只取正整数,若将其绘制成图像,则为错落间断的点。

笑: 如果将其画出来,则如下图所示。

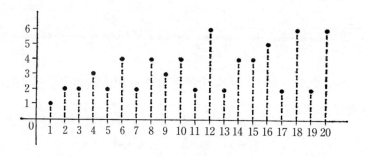

博：点的分布毫无规律。例如 $d(12)=6$，紧接着就回落到 $d(13)=2$。

三四郎：尽管如此，这肯定是一种函数。

高斯的符号

三四郎：我再举个例子吧。首先，令 x 为正实数。

博：实数是什么？

三四郎：忘了这个概念可麻烦了。

笑：是用一条直线上的点来表示的数吧？

三四郎：严格来讲有些难懂，简单来说差不多就是这样。如果此时"在不超过 x 的整数中，用符号 [ ] 使最大的整数变为 $[x]$"会怎样呢？

博：有点复杂啦。例如，若 $x=5.3$，则不超过 x 的整数为 0,1,2,3,4,5。

笑：不对，整数还包括负整数。所以，$\cdots, -3, -2, -1$ 同样是不超过 x 的整数。

博：是我大意了。那么下面所有整数似乎都是不超过 5.3 的整数啊。

$$\cdots, -3, -2, -1, 0, 1, 2, 3, 4, 5$$

笑：有无穷个。

三四郎：其中最大的数是几？

笑：5 最大。

博：因此可以记作

$$[5.3]=5$$

三四郎：那么，$[-2.7]$ 呢？

笑：比 $x=-2.7$ 小的整数为

$$\cdots, -5, -4, -3$$

博：当然也是有无穷个啊。

笑：其左侧的负整数延绵不绝。

三四郎：其中最大的是几呢？

笑：最大的是 -3。

博：那么可以记作

$$[-2.7]=-3$$

三四郎：如果 x 为整数本身的话，那么 $[x]$ 的情况如何呢？

笑：例如，若 $x=5$，则"不超过 x 的整数"为

$$\cdots, -2, -1, 0, 1, 2, 3, 4, 5$$

博：5 本身也加入了集合。毕竟 5 确实不超过 5。

笑：其中最大的整数就是 5 本身。因此可以记作

$$[5]=5$$

三四郎：也就是说，x 若为整数，则 $[x]=x$。明白了吧？

笑：$[x]$ 是 x 的函数，可以这么说吗？

三四郎：只要确定了 x 的数值，就能确定一一对应的 $[x]$，这肯定是一种函数。因此，也可写成 $[x]=f(x)$ 的形式。若将其绘制成图像的话，则如下图所示。

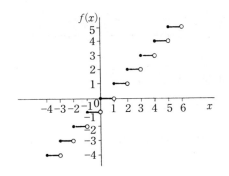

若 x 为整数，则 x 与小于 1 的正数 c 相加总能使 $[x+c]=x$ 成立，所以看上去毫无变化。

笑：从整体的形态上看如同阶梯一般。

三四郎：[ ] 被称为高斯符号。对了，你们听说过高斯这个名字吗？

博：是一位伟大的数学家吧？

三四郎：如果要求列举出有史以来最伟大的三位数学家，我

想任何人都会给出下面的答案吧。

阿基米德（公元前 287 年—
公元前 212 年）、牛顿（1642—
1727）、高斯（1777—1855）。

笑：我知道阿基米德和牛顿，
高斯这个名字还是第一次听说。

三四郎：高斯是继他们之后
出现的第三位大数学家。

博：我原以为图像的形状应

高斯

该是连续的，然而 [x] 却在整数的地方出现了断层。

三四郎：即使存在断层也毫无影响。例如，请计算 100 被 7
整除。

博：根本无法整除。余数为 2。

$$7 \overline{)100} \,\, ^{14}$$

三四郎：那么，如果将这个 14 套用 [ ] 之后结果如何呢？

博：$100 \div 7 = \dfrac{100}{7} = 14\dfrac{2}{7}$

笑：因为 $\dfrac{2}{7}$ 比 1 小，所以

$$\left[\frac{100}{7}\right] = 14$$

三四郎：这里就体现了 [ ] 的作用。

练习题

1. 请使用 [ ] 表示 1275÷7、534÷13、614÷15 的商。

$$y=f(x)=x$$

博：$y=f(x)=x$ 能进入函数的行列吗？毕竟把 x 输入之后，输出的结果仍是 x 本身。

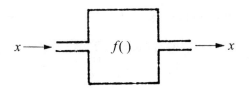

笑：输入直接变成了输出，宛若透明的玻璃箱。

三四郎：虽然这个函数有些奇特，但是可以认为它也是函数的一种。

虽然记作

$$f(\ )=(\ )$$

也可以认为是

$$f(\ )=1\times(\ )$$

现在有点感觉了吧？如果对 ( ) 不施加任何作用就出不来函数的感觉，所以此时不妨"乘以 1"。

笑：加 0 也是可以的吧。

$$f(\ )=(\ )+0$$

三四郎：当然可以。

博：我想没有人会特意制造这样的黑箱，我们可以在头脑中将其构想出来。

笑：我觉得这就好比打电话时通话中的情形。即使向电话机投币口投入 10 日元硬币，同一枚硬币也会直接出来。

三四郎：你想到了一个非常贴切的例子。

练习题

1. 请使用 [ ] 分别表示正实数 x 舍去小数部分的数、小数部分四舍五入的数、小数部分进一位的数。

2. 请使用 [ ] 分别表示正实数 x 舍去小数点两位以后的数、小数点两位以后四舍五入的数、小数点两位以后进一位的数。

第二章 各式各样的函数

6. 笛卡儿的原则

三四郎：你们知道笛卡儿（René Descartes，1596—1650）这个人吗？

博：是发明坐标系的那个人吧？教材里讲过。

笑：我们还学过直角坐标系叫作笛卡儿坐标系。

三四郎：虽然在此之前并非没有人想到坐标系，但是可以说笛卡儿是第一个发现坐标系强大之处的人。1596 年，笛卡儿出生于法国。16 世

笛卡儿（画作者：盐见荣一）

纪末期是一个英雄辈出的年代。伽利略（Galileo Galilei，1564—1642）也是那个时期涌现出来的伟人，他出生于 1564 年，比笛卡儿年长 30 余岁。

笑：笛卡儿不仅是伟大的数学家，还是著名的哲学家吧？

三四郎：甚至可以说，他在哲学领域更加出名。"我思故我在"就是笛卡儿提出的哲学命题。这句名言出现在他的哲学作品《谈谈方法》中，介绍坐标系的《几何学》是其附录之一。

博：笛卡儿真了不起啊。像我这样的人，比较符合"我吃故我在"……

笑：《谈谈方法》是一本什么书呢？

三四郎：所谓方法，是指学问的研究方法。

笑：笛卡儿在这本书里写了什么内容呢？

三四郎：这本书有日文译本，是很薄的一本书，你可以抽时间读一读。书中有 4 个原则。来（从书架上取下小巧的文库本），你读一读这里。

明确原则

笑：第一，凡是我没有明确地认识到的东西，我决不把它当成真的接受。也就是说，要小心避免轻率的判断和先人之见，除了清楚分明地呈现在我心里、使我根本无法怀疑的东西以外，不要多放一点别的东西到我的判断里。

三四郎：好，停。这是第一条原则，决不认可自己不认为是真的东西。你们是如何理解的呢？

博：这不是废话嘛。

笑：换句话说，就是首先要质疑一切，对吧？

三四郎：是的，这是理所当然的，但是始终坚守这一原则却绝非易事。如果人们时刻铭记第一条原则的话，或许世上就不会出现迷信的事了。

笑：如果人们能够将第一条原则坚守到底，也就不会出现

"13 日星期五不吉利"的迷信说法了吧。

三四郎：笛卡儿的第一条原则即为明确原则，在各种各样迷信泛滥的时代，这一原则好比射入黑暗房间中的清晨的第一缕阳光，给人带来希望。它是中世纪欧洲和近代欧洲的分水岭。所以，这是一个极其重要的原则。如果遇到可疑的事情，可以重返起点，再次对照第一条原则进行反省。或许是因为判断失误，将某些不对劲的地方当成真的了。

博：也就是说，可能误以为尚未明确的东西已经确认无误了。

分析原则

三四郎：下面请接着读第二条原则。

博：第二，把我所审查的每一个难题按照可能和必要的程度分为若干部分，以便一一妥为解决。

三四郎：这是第二条原则，也叫作分析原则。

笑：无论研究什么，都先从细化和分解开始着手。是这个意思吧？

三四郎：书上是这么写的。这也是理所当然的嘛。比如在研究生物方面，要想了解花的结构，首先要将其分解为花瓣与花萼，雄蕊与雌蕊。

笑：若想做进一步的深入研究，则需要将其分解至细胞的层次了吧。

三四郎：如果想要洞悉植物的生存之道，就必须研究它的细胞。

博："按照可能和必要的程度分为若干部分，以便一一妥为解决"就是这意思吧？

三四郎：是的。如果想要对研究对象认识得更有深度，就需要将其进一步细化和分解。

笑：之所以把所有物质都分解成分子，再把分子分解成原子，就是出于这个原因吧。

三四郎：可以这么说吧。

博：我们的语言也是如此吧。例如"刮风"这个词可以分解成"刮"和"风"，这也是一种分析吧？

笑：刮可以分解为"舌"和"刂"。分析的深度更进一步。

博：还可以继续分解。若用拼音表示的话，"舌"可以分解为 $s\text{-}h\text{-}e$，"刂"可以分解为 $d\text{-}a\text{-}o$。

三四郎：总之，笛卡儿的第二条原则是人类每天都使用的惯用方法。

笑：这种分析方法在数学中的应用不胜枚举。例如，求解多边形的面积时，可以把多边形分解成若干三角形后进行计算。这也是分析吧？

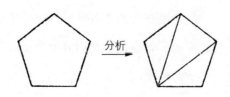

三四郎：你说得没错，这是一个很典型的例子。求解两个整数的最大公约数或最小公倍数时将其分解成质数，也就是进行质因数分解，同样也是一种分析。

例如，求解 49 和 91 的最大公约数时，首先要将这两个数分解成质因数。

$$49 = 7 \times 7$$

$$91 = 7 \times 13$$

由此可知这两个数都包含相同的质因数 7，它就是这两个数的最大公约数。

笑：可是，如果把物质分解得七零八落后放任不管，也挺麻烦的吧？

三四郎：是的。此时就需要第三条原则登场了。请读一下吧。

综合原则

博：第三，按次序进行我的思考，从最简单、最容易认识的对象开始，一点一点逐步上升，直到认识最复杂的对象；就连那些本来没有先后关系的东西，也给它们设定一个次序。

这也太难懂了，只读一遍根本不明白什么意思。

笑：听上去大概意思是：第二条分析原则是把复杂的东西分解成简单的东西，而第三条原则是利用分解简化后的东西通过拼接和排列创造出复杂的东西。

三四郎：大体意思确实如此。因此，第三条原则也叫作综合原则。

博：分析与综合是截然相反的做法，因为分析是把整体分解为部分，而综合是把部分重新结合为整体。

笑：如此看来，综合也是理所当然的。计算多边形的面积时，把它分成若干个三角形，逐个计算出三角形的面积，然后把所有三角形的面积加在一起就能得到多边形的总面积，这种做法就是综合。

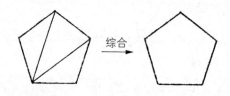

博：这就是"先分解，再结合"。

三四郎：这种例子比比皆是。你们想一想还有哪些?

笑：似乎无处不在。比如，前段时间我的手表坏了，修表匠对表进行了清洗。修表匠首先把我的手表拆卸成一个一个的零件，这个过程就是分析。

博：确实如此。

笑：然后，修表匠用清洁油对每个零件都进行了清洗，最后把手表又重新组装好，恢复了原样。这个过程就是综合。

三四郎：确实如此。修表匠堪称分析综合师。

笑：做饭也是分析与综合的过程。做炸肉饼的第一步是把土豆捣成泥状。

博：这一步是分析。

笑：肉也绞成肉末。

博：这一步也是分析。

笑：然后把二者混合在一起揉成团，用油炸。这两步就是综合。

博：建造房屋也是采取类似的方法。首先把石灰岩等原材料粉碎成粉末状的水泥，这个过程属于分析。然后用水泥加固建房子，这个过程属于综合。

三四郎：的确如此。建筑在某种意义上讲也是分析与综合的过程。

博：自行车的拆洗好像也是如此。首先把自行车拆卸成七零八落的零部件。

笑：这一步属于分析。

博：然后逐个清洗零件，最后组装还原。

笑：这一步属于综合。

三四郎：你们两个好像都大体明白了。

博：仔细想想，人类所从事的一切活动似乎都是分析与综合的过程。

笑：都在进行分解与结合……

三四郎：数学世界同样到处充满了分析与综合。

笑：嗯，明白了。笛卡儿的坐标系就是分析与综合的智慧结晶。

博：也许是吧。

笑：因为把点在平面上的位置分解为横坐标 x 和纵坐标 y 的想法正是分析吧。

$$点 \xrightarrow[（分析）]{} \begin{cases} 横 \cdots\cdots x \\ 纵 \cdots\cdots y \end{cases}$$

博：的确如此。

笑：所以用坐标 (x, y) 表示点 P 属于分析问题。

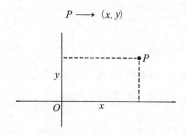

博：那么，若已知坐标 (x, y) 求点 P 则属于综合问题。

$$(x, y) \rightarrow P$$

原来如此，真是奇思妙想啊……

三四郎：说得很好。确实如此。因此，介绍坐标系的《几何学》作为附录被写入了《谈谈方法》。

博：如下图所示，横纵坐标的结合确实可以确定点的位置。

$$\begin{rcases} 横 \\ 纵 \end{rcases} \xrightarrow[（综合）]{} 点$$

解析几何学

三四郎：我觉得笛卡儿老师的思路真是沿着这个方向发展的。对了，你们知道利用坐标系开展研究工作的几何学叫什么吗？

笑：是叫作解析几何学吧？

三四郎：是的。那么用英语该怎么说呢？

笑：我不知道。

三四郎：analytic geometry。analytic 是 analysis（分析）的形容词形式，意为"分析的"。

博：那么，它是"分析的几何学"吗？

三四郎：顾名思义，确实如此。不过，analysis 也被翻译为"解析"，所以出现了"解析几何学"的译法。

笑：可是，坐标系不仅涉及分析还包括综合，所以名称中只提及分析不太公平吧？

三四郎：的确，或许叫作"分析的与综合的几何学"更加贴切。

博：这个名称就有点长了。

笑：好吧。真正的意思是"分析的与综合的"，而名称叫作"解析几何学"，也算是一种妥协吧。

博：嗯，这样就能接受了。

三四郎：对了，还有一个关于笛卡儿为什么会想到坐标系的传说。这是一个非常有趣的故事，至于真假就不得而知了。

博：您快讲吧。明天我好向朋友们显摆。

三四郎：笛卡儿是个早晨爱睡懒觉的家伙。

笑：和叔叔您很像啊。

三四郎：别插嘴，好好听着。笛卡儿是个早晨爱睡懒觉的家伙，经常睡到日上三竿。有一天，他赖在床上心不在焉地望向墙壁，发现墙上落了一只苍蝇。那么，如何确定苍蝇的位置呢？笛卡儿想着想着突然找到了灵感。如果知道苍蝇与柱子之间的距离和苍蝇与床之间的距离，就能锁定苍蝇的位置。

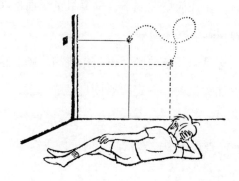

笑：真是个有趣的故事。不过，我觉得坐标系是笛卡儿从分析与综合的角度想出来的说法更合乎情理。

三四郎：所以我一开始就说了，不知道这个故事的真假。关于发现的故事大都是后人杜撰的逸闻趣事，牛顿和苹果的故事也是如此。

博：但是，笛卡儿早晨爱睡懒觉这件事是真的吧？

三四郎：这是真的。他在晚年时期受瑞典女王邀请前去讲学，由于女王每天起得很早，笛卡儿不得不早晨四点左右就开始给女王上课，导致他早晨无法继续睡懒觉，这也是他走向死亡的开始。

博：下次妈妈再催我起床的时候，我就拿笛卡儿的故事吓唬她，让她知道我起那么早会像笛卡儿那样死去的。

三四郎：因为笛卡儿是老人。中学生最好还是早点起。我们跑题了。接下来，请读一读第四条原则。

枚举原则

笑：最后，在任何情况之下，都要尽量全面地考察，尽量普遍地复查，做到确信毫无遗漏。

三四郎：这是第四条原则，也叫作枚举原则。这条原则的应用好比我们参加考试时，一定要通读自己的答案，检查是否有漏题情况。

博：如果检查过程中发现错误，就可以重返第一条明确原则，重新做一遍即可。

三四郎：总之，通过反复利用这四条原则，我们的知识会逐步加深。

笑：可是仔细想想，我感觉这四条原则都平淡无奇、理所当然。

三四郎：确实如此，这些原则都过于普通，以致人们在不知不觉中将其忘却和忽视。

博：对于笛卡儿时期的人们而言，这些原则固然是新出现的原则吧。

三四郎：《谈谈方法》这本书中的第一行字写的是什么？请读一读。

博：良知，是人间分配得最均匀的东西。

三四郎：读完之后，你们有什么想法？

笑：我不是很明白。

博：可是，世上存在毫无良知的人吗？

三四郎：这本书的第一行或许是最难理解的。首先，我们三人已经很清楚这四条原则了吧？

笑：深入理解或许还谈不上，但是各条原则的意思基本明白了。

三四郎：从这种意义上讲，至少在我们三人之间，良知是均匀分配的。

博：即使这里再多一位朋友，也是如此。

笑：再多两个也是一样吧。

三四郎：也就是说，只要花点时间详细解释一下这本书中提到的四条原则，全世界的所有人都能理解吧。

博：所谓良知的均匀分配就是这个意思吧？

三四郎：可以认为就是这个意思。

笑：但是，有的人会稍早分配到，而有的人则会稍晚分配到吧。

三四郎：存在这种情况。不过，如果我们认真思考一下，就会发现应该不存在无知的人。

博：对于那些无论如何都不想了解的人而言，就没有办法了……

笑：仔细想想，良知得到均匀分配是极其重要的原则。

三四郎：如果存在没有被分配到良知的人，就不得不对此人进行特殊照顾的话，那么就不再平等了。

博：我本以为笛卡儿是一位伟大的学者，他的书或许写的净是中学生完全看不懂的内容，没想到他的书竟然如此通俗易懂。

三四郎：真正的伟人会写出任何人都能读懂的书。

笑：或许正是因为任何人都能明白，才堪称伟人。

博：我曾以为那种写出的书谁都看不懂的人才是伟人。

三四郎：读过《谈谈方法》之后想法发生变化了吧？不过，对于那些不想努力弄明白的人而言，这依然是一本晦涩难懂的书。不变的是这一点。

坐标系的发现

博：对于刚才提到的笛卡儿发现的坐标系，请您再稍微解释一下吧。

三四郎：只要观察从原来的点——原点——向左或右移动多远，就能得到横坐标 x。此时，暂且不顾上下方向与原点之间的距离，仅把着眼点落在左右方向上。

博：然后反过来，忽略左右方向，仅处理上下方向的问题，就能得到纵坐标 y，对吧？

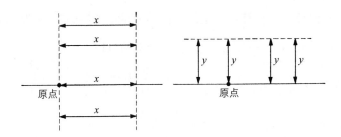

三四郎：也就是说，在平面内点的位置分为左右和上下来考虑，这就是坐标系的观点。这里遵守了笛卡儿的第二条原则，即"第二，把我所审查的每一个难题按照可能和必要的程度分为若干部分，以便——妥为解决。"

$$点 \xrightarrow{(分析)} \begin{cases} 左右\cdots\cdots x \\ 上下\cdots\cdots y \end{cases}$$

笑：这属于"分析"的范例。

博：根据 (x, y) 这一组数的已知条件来寻找平面内的点，相当于遵守了笛卡儿的第三条原则吧？

三四郎：你说得没错。请读一下第三条原则。

笑：（重新诵读第三条原则）

博：也就是说，通过组合两个数来确定一个点相当于综合。

$$\left.\begin{matrix} x \\ y \end{matrix}\right\} \xrightarrow{(综合)} 点$$

笑：那么，我们可以把使用坐标系的几何学称为"综合几何学"吧？

三四郎：这也算个理由。不过，不能这么说。因为真正的新主张是用横纵坐标来表示点，属于分析的范畴。

$$点 \xrightarrow{\ (分析)\ } \begin{cases} x \\ y \end{cases}$$

博：但凡出现了分析，就会自然而然地想到综合吧。

笑：可是，虽说这是笛卡儿的重大发现，但也太简单了吧。

博：连我都能想得出来。我还是像笛卡儿那样做个爱睡觉的懒汉吧。

三四郎：无论你早晨睡多少个懒觉，都不会有什么发现的。以后人的角度来看，重大发现往往都是基本上任何人都能想到的。但是，做第一个想到的人绝非易事。

笑："哥伦布的鸡蛋"就是如此。

博：这又是什么？

笑：你不知道"哥伦布的鸡蛋"？这个故事是这样的：哥伦布发现了新大陆从海上归来，有人对哥伦布不屑地说："这有什么稀罕？我也能发现美洲大陆。"哥伦布没有立即反驳，而是默默地拿来一枚鸡蛋，对那个人说："那你试试把这个鸡蛋竖起来。"该人无论尝试多少次都以失败告终。然后，哥伦布拿起那枚鸡蛋在桌角上轻轻一敲，敲破了一点儿壳，鸡蛋就稳稳地直立在桌子上。该人又说："这有什么稀罕？我也能做到。"哥伦布说："我发现美洲大陆也同样如此。"

博：原来如此。以后人的角度来看，前人的发现似乎很简单，然而做第一个发现的人却很难。

三四郎：只要前人有新的发现，后人学习起来就简单多了。

下面请做一些简单的习题吧。

练习题

1. 请说出以下点 A～G 的坐标。

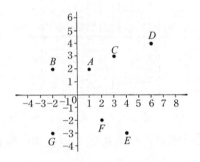

2. 求解具有以下坐标的点 H～L。

H(1,2), I(2,3), J(0,2), K(-3,0), L(1,-1)

笑：仔细想想，其实坐标一点儿都不稀奇。我爸玩的围棋好像就是用坐标表示的。

三四郎：差不多吧。不过，围棋的棋盘横向标着阿拉伯数字 1, 2, 3 …, 19，纵向标着汉字一，二，三，…，十九。

博：为什么不干脆做成普通的坐标呢？

三四郎：我也想过这个问题。这似乎是从古至今一直流传下来的习惯。

笑：如果当时设计棋盘的人了解笛卡儿的坐标系，或许会在棋盘的正中央设置原点吧。

博：棋盘正中央的星位好像叫作"天元"，若令其为原点，则坐标系的横纵两轴均为 −9～+9，那么棋盘上的数字标记 1 位数就可以了。

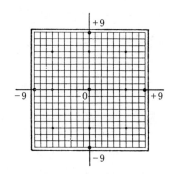

笑：听说最近围棋在外国也很流行，如果棋盘设计参照笛卡儿的坐标系，肯定会闻名世界。

三四郎：确实如此，但是习惯似乎很难轻易改变。不过，我稍微提醒你们一下，笛卡儿的书上只标注了坐标系的横轴，是没有纵坐标轴的。

博：啊？这是我没想到的。

笑：如此说来，只要确定了横坐标轴和原点 O 的位置，即使不特意标记出纵坐标轴也没关系吧。

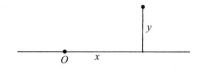

7. 从简单到复杂

笑：我很清楚函数形式多样且数量繁多。可是也太多了，我不知道应该从何入手。

博：因为从函数的角度来看，函数无处不在。

三四郎：既然这样，就不得不排好学习对象的顺序。那么，该如何排序呢？我们要循序渐进，也就是先从简单易懂的函数入手，然后逐步过渡到困难复杂的函数。

函数 $(\ )^n$

博：我觉得可以先从输入和输出均为数的函数开始，也就是先从狭义的函数入手。

笑：我也是这么想的。因为现在我们在学校学的就是这种函数……

三四郎：好吧，我们首先来思考一下这种狭义的函数吧。可是，单是这种函数似乎也有很多啊……

博：确实如此。

笑：先从简单的对应法则开始怎么样？例如，对输入 x 施加简单的对应法则……

三四郎：所谓简单是指？

笑：例如，仅对输入 x 施加"+"的对应法则，就会得到输出 $x+a$ 的结果。

博：可是，这也太少了吧……还不如仅对 x 施加"×"的对应法则呢吧？

笑：按照你的说法就变成了下面的形式吧。

$$x \times x \times \cdots \times x$$

三四郎：有一个符号可以表示同一个数 x 自乘若干次吧？

笑：x 的 n 次方。也就是

$$\underbrace{x \times x \times \cdots \times x}_{n} = x^n$$

三四郎：也就是 $(\ )^n$ 这个函数。这个函数也依然有无穷多个。

$$x^1, x^2, x^3, \cdots$$

我们可以在此基础上添加一个固定不变的数值 a。

$$a \times \underbrace{x \times \cdots \times x}_{n} = ax^n$$

固定不变的数值叫什么？

博：常数。

三四郎：如果常数不是只有一个，而是有包括 $a, b, c, \cdots$ 在内的很多个常数，就会变成下面的形式。

$$a \times x \times \cdots \times x \times b \times x \times \cdots \times x \times c \times \cdots$$

笑：不过，我觉得其中的 a，b，c，$\cdots$ 可以集中到一个地方吧。

$$\underbrace{a \times b \times c \times \cdots}_{n} \times x \times \cdots \times x$$

因为 $a \times b \times c \times \cdots$ 也是常数，所以可以用一个字母代替，比如将其重新记作 a，结果将变成下面的形式。

$$ax^n$$

博：的确如此，仅有 $\times$ 这一对应法则的函数都可以记作 ax^n 的形式。

笑：也就是说，这种函数可以记作下面的形式。

$$a(\ )^n$$

三四郎：这种函数还有哪些同类型的函数呢？

博：同类函数为以下形式。

$$ax^n + bx^{n-1} + \cdots + r$$

莱布尼茨的背部号码

三四郎：中间的 $\cdots$ 是什么意思？

博：意思就是 $x^n, x^{n-1}, x^{n-2}, \cdots$ 是按顺序排列的。

三四郎：最后为什么是 r 呢？

博：它表示常数。

三四郎：为什么选择了 r 呢？

博：因为排在前面的是 $a, b, c, \cdots$，而 r 是一个相当靠后的字母。

三四郎：那么选择 q 或 s 也可以啊。

博：当然，也可以选择 q 或 s。

三四郎：你是随意写了个 r？

博：嗯，算是吧。

三四郎：但是，如果按照 $a, b, c, \cdots$ 的顺序排列，r 是第 18 个字母。那么，人们看了你这个式子后，可能会真的认为 r 是第 18 项。另外，常数 $a, b, c, \cdots$ 如果超出 26，就没法写了。

笑：可是，还有其他更好的方法吗？

三四郎：当然有。这个方法同样是函数符号的创始人莱布尼茨想出来的。当需要大量字母的时候，不再使用 $a, b, c, \cdots$，而使用 $1, 2, 3, \cdots$ 这些数字以下标的形式标注在字母的右下方。如

$$a_1, a_2, a_3, \cdots$$

或

$$b_1, b_2, b_3, \cdots$$

或

$$x_1, x_2, x_3, \cdots$$

博：原来如此。这样一来，无论有多少项都能轻松应对。第100项则可记作 a_{100}。

三四郎：是的。一般情况下，我们都会使用数字来表示数量庞大的东西，这是很自然的，并非仅局限于函数。

博：这就好比棒球或排球运动员的背部号码。由于标注在右下方，所以或许更像腰间号码。

三四郎：确实如此，不过我们姑且称其为背部号码吧，因为这样称呼起来更自然顺畅。

笑：新干线的"光1号""光2号"…"希望101号""希望102号"…也是一种背部号码吧？

三四郎：是的。随着列车的数量逐步增长，JR在对列车逐一命名方面也够辛苦的。以前在东海道线上跑的特快列车不是采取背部号码的命名方式，而是均有专属的名字，包括"富士""樱花""燕子"……

博：我觉得采取背部号码的命名方式不仅仅是因为列车变多了，还有更加积极的一面。

三四郎：你为什么这么说？

博：乘客不仅能够根据"光2号"和"回声103号"这样的名字对列车类型加以区分（是新干线还是特快），还能从背部号码得知列车的时刻（是早车还是晚车）。

笑：另外，奇数号段为下行，偶数号段为上行。根据这样的固定规律，乘客也能立马知道列车的驶向。

三四郎：也就是说，背部号码的命名方式让使用者省去了不必要的死记硬背。但从另一方面看，这种命名方式丧失了原有的韵味……

笑：嗯，的确如此。

三四郎：莱布尼茨想出的背部号码命名方式在这一点上确实发挥了极其重要的作用。因此，这种方法被广泛应用于数学世界的各个角落。

博：若使用背部号码命名方式，刚才的

$$ax^n + bx^{n-1} + \cdots + r$$

可以记作

$$a_n x^n + a_{n-1} x^{n-1} + \cdots + a_1 x + a_0$$

笑：这么写就不用担心 n 大于 26 时字母不够用的情况了。而且，a_n，a_{n-1}，$\cdots$ 为 x^n，x^{n-1}，$\cdots$ 的系数也一目了然。

三四郎：因此，希望你们今后要习惯这种背部号码的命名方式。

8. 狭义的函数

博："函数"的输入及输出都必须是数吗？

三四郎：没有这样的要求。在前面百人一首歌牌的例子中，输入为上句，输出为下句。因此，在这种情况下，输入和输出均不是数。

笑：既然如此，为何称其为函数呢？这样的名称容易误导大家以为函数的输入和输出必须是数才行……

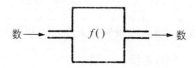

三四郎：从这种意义上来讲，"函数"这个术语的命名确实不太恰当，因为function不含丝毫数的意思。不过，输入和输出均为数的函数很多，这是不争的事实。至少在莱布尼茨创造出function这个词之后的一段时间里，数学家研究的函数类型仅为输入和输出均为数的函数。对于那个时代的狭义的函数而言，这个名称也没那么不妥。

我们暂且一起来思考一下这种狭义的函数。请举出一些该类函数的例子吧。

自变量与因变量

笑：$x+1=y$ 也是这种狭义的函数吧？

三四郎：是的。请使用 ( ) 来表示一下吧。

笑：是 ( )+1 吗？

三四郎：这确实是一种函数。若向作为输入的 ( ) 中填入 0,1,2,3，输出会怎样呢？

笑：$(0)+1=0+1=1$

$(1)+1=1+1=2$

$(2)+1=2+1=3$

$(3)+1=3+1=4$

三四郎：没错。当输入及输出均为数的时候，我们称输入为自变量，而称输出为因变量。也就是

$$f(\text{自变量})= \text{因变量}$$

或者表述为以下形式。

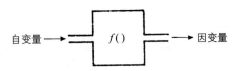

笑：为什么给它们起这样的名字呢？

三四郎：由于无论向输入中填入什么都不受其他因素影响，

也就是说它具有独立自主的选择权，这一性质可以概括为自主自立的"自"；它那千变万化的一面堪称"变量"。二者结合后便为"自变量"。

博："因变量"是因为自变量的变动而变动，所以将其冠以"因"的名号吧？

三四郎：这么想或许也可以。

博：$3\times(\ )$ 也是函数吧。

三四郎：请计算一下自变量为 0,1,2,3 时的因变量吧。

博：$3\times(0)=3\times0=0$

$3\times(1)=3\times1=3$

$3\times(2)=3\times2=6$

$3\times(3)=3\times3=9$

三四郎：很好。

笑：终究是把数填入 ( ) 内进行计算，好比代数的代入计算。

三四郎：是的。$3\times x$ 也就是向 $3x$ 中的 x 代入不同的数。因此，向 $3x$ 中的 x 代入数时，可以按顺序细化为以下的步骤进行计算。

(1) 用括号把 x 括起来 $3(x)$

(2) 去掉括号内的 x $3(\ )$

(3) 向括号内填入具体的数 $3(2)$

(4) 去掉括号后进行计算 $3\times2=6$

请你们做一做下面的习题吧。

求解下列函数当自变量 $x=3$ 时的因变量。

(1) $2x$ (2) $2x+1$ (3) $5x-2$

博：(1) $2x$

$2(x)$

$2(\ )$

$2(3)$

$2\times3=6$

笑：(2) $2x+1$

$2(x)+1$

$2(\ )+1$

$2(3)+1$

$2\times3+1=6+1=7$

博：(3) $5x-2$

$5(x)-2$

$5(\ )-2$

$5(3)-2$

$5\times3-2=15-2=13$

三四郎：虽然通常情况下我们不会按照如此烦琐的步骤进行计算，但是仔细想想，思考的顺序确实如此。

通常情况下，向

$$5x-2$$

中代入 $x=3$ 进行计算即可。

$$5×3-2=15-2=13$$

下面的问题作为课后作业吧。

		自变量					
		0	1	2	3	4	5
函数	$2x-3$						
	$3x+1$						
	$4x-3$						
	$x-1$						
	$6x-2$						

笑：进行代入计算就行，是吧？

无数种函数

博：虽说都是函数，其实它有很多种类吧？

三四郎：有无数种函数。请你们两个想想日常接触的函数吧。

笑：x^2 是一种函数，使其乘以 3 后得到的 $3x^2$ 也是一种函数，对吧？

博：再加上 $5x$ 后得到的 $3x^2+5x$ 也是一种函数。

笑：再加上 4 后得到的 $3x^2+5x+4$ 也是一种函数。

博：若把其中的系数 3,4,5 替换为别的数，则能得到各种各样的新函数。

$$2x^2 - 3x - 1$$

$$4x^2 + 2x + 1$$

……

笑：若把这些函数归纳为一个函数，则可记作

$$ax^2 + bx + c$$

三四郎：请使用括号表述一下。

笑：$a(\ )^2 + b(\ ) + c$

可以写成这样吧？

博：由于其中的 a，b，c 可以代入任意的数，这个式子确实可以构成很多种函数。

三四郎：你们明白为什么说函数有无数种了吧？

笑：研究无数种函数是数学的一项工作吗？

三四郎：是的。函数与数、图形同等重要，自从莱布尼茨创造函数这个名称以来，函数一直是数学的重要研究课题之一。

9. 多项式函数

三四郎：既然出现了

$$a_n x^n + a_{n-1} x^{n-1} + \cdots + a_1 x + a_0$$

这种形式的函数，就得给它起个名字。倘若"我是猫，还没有名字。"[①]，则会产生种种不便。于是，我们称这种形式的函数为"多项式函数"。

博：为什么叫作多项式呢？

三四郎：仅由乘积形式组成的代数式叫作项或单项式。例如，像

$$ab, \quad abc, \quad ax, \quad byz, \quad \cdots$$

这样仅用相乘关系 × 构成字母乘积的代数式。

笑：单项式也有简单与复杂之分吧？

博：当相乘的字母数量较多的时候就变复杂了。

三四郎：这里的字母数量叫作单项式的次数。

博：那么 abc 为 3 次，x^2yz 为 4 次，对吧？

笑：单项式确实没有用到 +、−、÷ 这三种运算符号。

---

① 日本作家夏目漱石代表作《我是猫》中的第一句话。

三四郎：多个单项式相加的代数式就是多项式。

$$多项式 = 单项式 + 单项式 + \cdots + 单项式$$

也就是说，

$$a_n x^n, \ a_{n-1} x^{n-1}, \ \cdots, \ a_1 x, \ a_0$$

均为单项式，对其进行累加后得到的代数式

$$a_n x^n + a_{n-1} x^{n-1} + \cdots + a_1 x + a_0$$

则变为多项式。由于这是用 x 的多项式来表述的函数，所以叫作多项式函数。不过，在很多情况下也有与背部号码顺序相反的以下写法。

$$a_0 x^n + a_1 x^{n-1} + \cdots + a_{n-1} x + a_n$$

先乘后加

博：可是，为什么要变成"对乘积进行加法运算"的形式呢？

三四郎：这个问题提得好。总之，原因就是现实中存在大量"先乘后加"的计算。

笑：为什么呢？

三四郎：笑经常被派去超市购物吧。最近你都买什么了？

笑：我记不太清了。好像买了 5 个 20 日元一个的苹果、2 个 100 日元一棵的洋白菜和 4 袋 80 日元一袋的咖喱。

三四郎：一共花了多少钱？请计算一下。

笑：$20 \times 5 + 100 \times 2 + 80 \times 4 = 100 + 200 + 320 = 620$（日元）。

三四郎：你们看，这不就是先乘后加的运算吗？

笑：原来如此。不过，也有先加后乘的运算吧？

三四郎：当然有啊。但是，这是极其罕见的情况。先乘后加的运算应为绝对主流。

博：因此，对于同时存在 $+$、$-$、$\times$、$\div$ 运算的代数式而言，先算乘除后算加减的运算规则便应运而生。

三四郎：这一规则叫什么来着？

笑：是叫先乘除后加减吧？

三四郎：如果没有先乘除后加减的运算规则，上面的算式就必须逐一加上括号，写成 $(20 \times 5) + (100 \times 2) + (80 \times 4)$ 这样的形式。

博：正是因为存在先乘除后加减的运算规则，才省略了括号。

笑：数学的规则也的确迎合着现实需求。

三四郎：这是理所当然的。乍一看，抽象的数学似乎与现实没有什么关联，但实际上数学与现实世界紧密相连。

次数

博：虽然我已经明白多项式函数可以写成以下极其简单的形式

$$a_0 x^n + a_1 x^{n-1} + \cdots + a_{n-1} x + a_n$$

但仔细想想，其实并没有那么简单。

当 $n=0$ 时，对应的多项式为 a_0

当 $n=1$ 时，对应的多项式为 a_0x+a_1

当 $n=2$ 时，对应的多项式为 $a_0x^2+a_1x+a_2$

当 $n=3$ 时，对应的多项式为 $a_0x^3+a_1x^2+a_2x+a_3$

……

由此可见，$a_0x^n+a_1x^{n-1}+\cdots+a_{n-1}x+a_n$ 包含了所有情况。

笑：多项式也有简单与复杂之分吧？多项式中出现的 $1, x,$ $x^2, \cdots, x^n$ 中最大的 n 就是区分多项式简单还是复杂的标准。

三四郎：这个 n 叫作多项式的次数。

下面的多项式次数是多少呢？

$$2x^5-4x^3+5x-2$$

笑：当然是 5 啦。

三四郎：$3x^3+5x^2-6x+1$ 的次数呢？

笑：它的次数为 3。

三四郎：那么，$3x^4+2x^3-2x^4+4x-x^4+1$ 的次数呢？

博：它的次数为 4。

笑：不对，等一下。x^4 的同类项合并后为

$$3x^4-2x^4-x^4=0$$

实际上相互抵消了。

博：哦，原来如此。我刚才太草率了。

三四郎：不错，你很细心。从表面上看，这个多项式的次数似乎为 4，然而实际上 x^4 会因合并同类项而相互抵消，以致 x^3 变为次数最高的项。

博：所以这个多项式的次数为 3，对吧？

三四郎：是的。

笑：不能让多项式的外表蒙蔽我们的双眼。

博：也就是说，在确定多项式的次数时，不能单凭看一眼就下结论，而要合并次数相同的同类项后再做判断。

三四郎：请你们做一做下面的习题吧。

练习题

1. 确定下列多项式的次数。

(1) $3x^2+2x^3-5x-x^3-2x^2-x^3+1$

(2) $4x^5-2x+5x^3-2$

(3) $x^4-6x^3+x^2-2x^4-5+x^4$

第三章　复杂的函数

10. 复杂的黑箱

二元函数

　　博：黑箱也同样有简单与复杂之分。既有车站内自动售票机那种极其简单的黑箱，也有工厂里的机器等非常复杂的黑箱。

　　三四郎：这是一个很好的着眼点。的确，黑箱既有简单的，也有复杂的。

　　博：对于我们在前面所说的自动售票机而言，既有投入 130 日元后仅得到 130 日元车票的情况，也有投入 200 日元并按下 130 日元车票按钮后得到车票和零钱的情况。如果用黑箱的形式来表述的话，是下面这样吗？

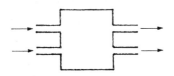

　　三四郎：入口和出口都有两个，这样应该可以。

　　笑：如果写成代数式会是什么样呢？

　　三四郎：我们一起想想吧。

　　博：首先，由于存在两个输入，所以需要对二者加以区分。不妨令上方入口的输入为 x，下方入口的输入为 y。

笑：令上方出口的输出为 z，下方出口的输出为……哎，z 已经到头了，那就取 x 前面的 w 吧。

博：那么，如果用图来表示的话，就是下面这样。

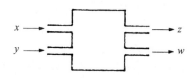

三四郎：也就是说，若向这个黑箱中输入一组数 (x, y)，则输出另一组数 (z, w)。那么，我们试试将其写成代数式吧。

笑：该如何根据输入 (x, y) 来确定输出 (z, w) 呢？

三四郎：用代数式来表述吧。

博：同时确定 z 和 w，该怎么写代数式呢？

三四郎：我稍微提示你们一下。当研究 z 的时候，可以暂时把另一个输出 w 束之高阁，只处理 z 的情况。

笑：这样的话，无论如何 z 的结果都取决于 x 和 y 这组数值。

三四郎：那么代数式该怎么写呢？

笑：如果依旧用 f 来写的话，下面这个如何呢？

$$z = f(x, y)$$

三四郎：假设 x 为投入自动售票机内的金额，y 为按钮上显示的车票价格，z 为找零，w 为车票的价格，会怎样呢？

博：因为 z 为找零，所以

$$z = x - y$$

对吧?

笑:那么,$f(x, y)$ 就会是同时包含 x 和 y 的代数式。

三四郎:这也是广义的函数,因为有两个输入,所以叫作"二元函数"。此前只有一个输入的函数 $f(x)$,可以称其为"一元函数"。

特殊情况

博:当入口的数为 3, 4, 5, …时,可以分别将其称为"三元函数""四元函数",…对吧?

三四郎:没错。不过,车票的票价 w 该如何表示呢?

笑:因为它与按钮上显示的金额 y 相等,所以可以记作

$$w=y$$

博:因为此时 w 与 x 没有关系,所以变成了一元函数吧。

三四郎:一般情况下,w 也是由 x 和 y 共同确定的。

笑:那么此时可以记作

$$w=f(x, y)$$

三四郎:这么写也是可以的,不过同样用 f 来表示,恐怕会与 $z=f(x, y)$ 混为一谈。所以最好使用其他字母来表示,例如记作

$$w=g(x, y)$$

博:一般情况下写成 $w=g(x, y)$,而特殊情况下则写成 $w=g(y)$,

对吧？

笑：如此一一区分开来真是麻烦啊。

三四郎：你说得有道理。不过，数学巧妙地摆脱了这一困境。那就是可以理解为一元函数是二元函数的特殊情况。

博：可以这样吗？总感觉怪怪的。

三四郎：好吧，让我们重新回到一元函数的话题上来看看吧。也存在无论输入 x 如何发生变动，输出 y 都依旧丝毫不变的情况。

博：可是，实际上并不存在这样的设备吧？

笑：发生故障的黑箱就会出现这种情况吧。

三四郎：哈哈哈，有意思。对于出故障的自动售票机而言，无论我们向自动售票机中投入多少钱，它都不出票。

博：原来如此，也能写成 $f(x)$。

笑：我又想到一个有意思的例子。如果把卖红羽毛 ① 的学生看作一个黑箱，那么无论你捐献多少钱，输出的红羽毛都是一根。

三四郎：你想到了一个很棒的例子。除此之外，类似的例子应该还有很多。你们知道在这种特殊情况下写成 $g(y)$ 或 $g(x, y)$ 都可以了吧？我再举个简单易懂的例子，如果给

---

① 日本在 1947 年设立"共同募金会"，又名"红羽毛共同募金"，这是政府和民间共同组织的慈善机构。共同募金会的标志是一根红色羽毛，人们捐款之后，可以得到一根红羽毛作为纪念。

$$w=y$$

这个代数式加上 $0 \times x$ 就有感觉了。

$$w=0 \times x+y$$

虽然从表面上看 x 参与进去了，但实际上毫无影响。你们懂了吗?

笑：这个办法真好。这样我就彻底明白即使写成 $g(x,y)$ 也没关系了。

联合分布函数

三四郎：好了，让我们返回最初的问题，结果是什么呢?

博：我知道了，应该记作以下形式。

$$\begin{cases} z = f(x, y) \\ w = g(x, y) \end{cases}$$

笑：嗯，并不是用一个代数式来表示，而是罗列两个二元函数。

三四郎：罗列代数式的表达方式叫作联合。

博：联合这个词不止用于"联合政府"，也适用于代数式啊。

三四郎：是的，两个以上的政党友好组建的政府叫作联合政府，一旦友好关系发生破裂，联合政府就会解散。代数式也是如此，友好组建的关系同样叫作联合。

笑：对于实际的机械设备来说，输入和输出的数量都在两个以上吧？

三四郎：复杂的机械设备会有很多输入及输出。

博：比如过去的电视机，就有很多旋钮和按钮。如果把它们全都看作黑箱入口的话，数量确实不少啊。

笑：天线接收广播电台发送的无线电波就是输入吧？

博：这么说来，与插座连接的电线所传导的电流也是一种输入。

笑：输出也有很多。比如画面的形态和色彩，还有声音等。

三四郎：看来似乎有必要想出一个输入为 n 个、输出为 m 个的黑箱了。如下图所示，此时如何用文字来表达输入及输出呢？

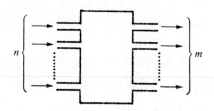

博：如果用 x，y，z…来表示输入的话，那么字母的数量恐怕是不够用的。那该怎么办呢？啊，我知道了，可以采取背部号码的方式。只要令输入为 x_1，x_2，$\cdots$，x_n，输出为 y_1，y_2，$\cdots$，y_m 就可以了。

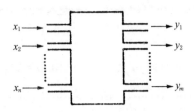

笑：那么即使输入有 100 个，也可以写成

$$x_1, x_2, \cdots, x_{100}$$

博：输出也一样，如果有 200 个，可以写成

$$y_1, y_2, \cdots, y_{200}$$

三四郎：那么，若用代数式表达的话，则可记作

$$\begin{cases} y_1 = f_1(x_1, x_2, \cdots, x_n) \\ y_2 = f_2(x_1, x_2, \cdots, x_n) \\ \cdots\cdots\cdots \\ y_m = f_m(x_1, x_2, \cdots, x_n) \end{cases}$$

博：这也是 m 个 n 元函数的联合。

11. 函数的合并

黑箱的合并使用

三四郎：自动售票机是最简单的黑箱。除此之外，自动售票机旁边往往还摆放着兑换钱币的机器。

笑：如此说来，儿童乐园内旋转木马的旁边也经常有兑换钱币的机器。

博：兑换钱币的机器也是一种黑箱吧。

三四郎：让我们将其视为一个整体来思考一下。首先，把1000 日元纸币投入兑换硬币的黑箱中，就会得到 10 枚 100 日元的硬币。然后，从中拿出 3 枚 100 日元的硬币投入自动售票机，就会得到一张价格为 300 日元的车票。

博：这也就是连续使用两个黑箱。

笑：是合并使用吗？

三四郎：为简单起见，我们针对所花费的 300 日元来思考一下。

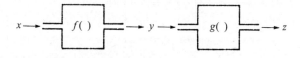

首先，把 x 代入 $f(\ )$ 中得到 y。

$$y=f(x)$$

然后，把这个 y 代入 $g(\ )$ 中得到 z。

$$z=g(y)$$

如果把以上两个黑箱看作合并成一体的话，就相当于输入 x 后输出 z。

笑：因为 $y=f(x)$，所以写成代数式时可以用 $f(x)$ 代替 $z=g(y)$ 中的 y，也就是可以写成

$$z=g(f(x))$$

博：此时 $f(\ )$ 的输出变成了 $g(\ )$ 的输入。

三四郎：那么，下面的函数如何合并呢？

$$\begin{cases} y=f(x)=x^2 \\ z=g(y)=y+1 \end{cases}$$

博：因为 $y=x^2$，所以用 x^2 代替 $z=g(y)$ 中的 y。

$$z=g(y)=g(f(x))=(y)+1=(x^2)+1=x^2+1$$

三四郎：很好。接下来，求解下面问题中的 $g(f(\ ))$ 吧。

$$\begin{cases} g(\ )=2(\ )+5 \\ f(\ )=3(\ )-1 \end{cases}$$

笑：$g(f(\ ))=2\{f(\ )\}+5=2\{3(\ )-1\}+5=6(\ )-2+5=6(\ )+3$

三四郎：接下来，还是上面同样的 $f(\ )$ 与 $g(\ )$，求解一下

$f(g(\ ))$ 吧。

　　博：$f(g(\ ))=3\{g(\ )\}-1=3\{2(\ )+5\}-1=6(\ )+15-1=6(\ )+14$

　　笑：$g(f(\ ))$ 与 $f(g(\ ))$ 并不相同啊。

　　三四郎：你发现了关键之处。也就是说，当合并两个函数时，如果调换顺序，一般会产生两个不同的函数。请记住这一点。

　　博：$f(\ )=(\ )^2$ 与 $g(\ )=(\ )+1$ 合并后结果如何呢?

$$g(f(\ ))=\{f(\ )\}+1=\{(\ )^2\}+1=(\ )^2+1$$

$$f(g(\ ))=\{g(\ )\}^2=\{(\ )+1\}^2=(\ )^2+2(\ )+1$$

这里的 $g(f(\ ))$ 与 $f(g(\ ))$ 也是不一样。

　　笑：不过，当 $f(\ )=2(\ )$、$g(\ )=3(\ )$ 时，调换顺序的合并结果是一样的。

$$g(f(\ ))=3\{2(\ )\}=6(\ )$$

$$f(g(\ ))=2\{3(\ )\}=6(\ )$$

此时 $g(f(\ ))=f(g(\ ))$。

　　博：可是，这种情况很少。

　　只要 $f(\ )$ 稍作变化，就会使合并结果不同。比如用 $f(\ )=2(\ )+1$ 代替 $f(\ )=2(\ )$，那么

$$g(f(\ ))=3\{2(\ )+1\}=6(\ )+3$$

$$f(g(\ ))=2\{3(\ )\}+1=6(\ )+1$$

此时 $g(f(\ ))$ 与 $f(g(\ ))$ 确实变成了两个不同的函数。

三四郎：接下来，请做一做下面的习题吧。

练习题

1. 根据以下两个函数 $f(\ )$ 与 $g(\ )$ 求解 $g(f(\ ))$ 与 $f(g(\ ))$。

$f(\ )$	$g(\ )$	$f(g(\ ))$	$g(f(\ ))$
$2(\ )-3$	$(\ )^2$		
$(\ )^3$	$(\ )-1$		
$-(\ )$	$-(\ )^3+2$		
$-4(\ )+1$	$3(\ )^2$		

多元函数的合并

笑：前面我们练习了一元函数的合并，二元函数和三元函数的合并方法也与之相同吧？

三四郎：当然可以使用相同的方法合并。让我们来思考一下吧。假设有以下两个左右并排放置的黑箱。

输入从箱子左侧入口进入，输出从箱子右侧出口出来。x_1，x_2，$\cdots$，x_n 分别从 n 个入口进入左侧的箱子，y_1，y_2，$\cdots$，y_m 分别从左侧箱子的 m 个出口出来。然后，y_1，y_2，$\cdots$，y_m 分别从 m 个入口进入右侧箱子，z_1，z_2，$\cdots$，z_l 分别从右侧箱子的 l 个出口出来。请你们想一想这种情况吧。

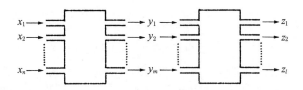

博：若写成代数式则为

$$
左箱
\begin{cases}
y_1 = f_1(x_1, x_2, \cdots, x_n) \\
y_2 = f_2(x_1, x_2, \cdots, x_n) \\
\cdots\cdots \\
y_m = f_m(x_1, x_2, \cdots, x_n)
\end{cases}
$$

$$
右箱
\begin{cases}
z_1 = g_1(y_1, y_2, \cdots, y_m) \\
z_2 = g_2(y_1, y_2, \cdots, y_m) \\
\cdots\cdots \\
z_l = g_l(y_1, y_2, \cdots, y_m)
\end{cases}
$$

三四郎：那么，接下来怎么办?

笑：只要用 $f_1(x_1, x_2, \cdots, x_n)$, $f_2(x_1, x_2, \cdots, x_n)$, $\cdots$, $f_m(x_1, x_2, \cdots, x_n)$ 代替右侧箱子中 $y_1, y_2, \cdots, y_m$ 就可以了吧。

$$
\begin{cases}
z_1 = g_1(f_1(x_1, x_2, \cdots, x_n), f_2(x_1, x_2, \cdots, x_n), \cdots, f_m(x_1, x_2, \cdots, x_n)) \\
z_2 = g_2(f_1(x_1, x_2, \cdots, x_n), f_2(x_1, x_2, \cdots, x_n), \cdots, f_m(x_1, x_2, \cdots, x_n)) \\
\cdots\cdots \\
z_l = g_l(f_1(x_1, x_2, \cdots, x_n), f_2(x_1, x_2, \cdots, x_n), \cdots, f_m(x_1, x_2, \cdots, x_n))
\end{cases}
$$

这样就能用 $x_1, x_2, \cdots, x_n$ 来表示 $z_1, z_2, \cdots, z_l$ 了。

博：最后，位于两个箱子中间的 $y_1, y_2, \cdots, y_m$ 消失了。

三四郎：下面给你们出一道这样的题。

$$\begin{cases} y_1 = x_1^2 - 2x_2 + x_3 \\ y_2 = x_1 + x_2^2 - 4x_3 \end{cases}$$

$$\begin{cases} z_1 = y_1 + 2y_2 \\ z_2 = 2y_1 - y_2 \end{cases}$$

笑：只要仔细认真地进行代入计算就行吧？

$$\begin{aligned} z_1 = y_1 + 2y_2 &= (x_1^2 - 2x_2 + x_3) + 2(x_1 + x_2^2 - 4x_3) \\ &= x_1^2 + 2x_1 + 2x_2^2 - 2x_2 - 7x_3 \\ z_2 = 2y_1 - y_2 &= 2(x_1^2 - 2x_2 + x_3) - (x_1 + x_2^2 - 4x_3) \\ &= 2x_1^2 - x_1 - x_2^2 - 4x_2 + 6x_3 \end{aligned}$$

最终得到

$$\begin{cases} z_1 = x_1^2 + 2x_1 + 2x_2^2 - 2x_2 - 7x_3 \\ z_2 = 2x_1^2 - x_1 - x_2^2 - 4x_2 + 6x_3 \end{cases}$$

三四郎：那么下一个问题呢？

$$\begin{cases} y_1 = -x_1 + 3x_2 \\ y_2 = 2x_1 - x_2 \\ y_3 = 3x_1 + 2x_2 \end{cases}$$

$$\begin{cases} z_1 = 3y_1 - 2y_2 + 3y_3 \\ z_2 = -y_1 + y_2 - 2y_3 \end{cases}$$

博：这题也是代入计算啊。

$$z_1 = 3y_1 - 2y_2 + 3y_3 = 3(-x_1 + 3x_2) - 2(2x_1 - x_2) + 3(3x_1 + 2x_2)$$

$$=(-3-4+9)x_1+(9+2+6)x_2=2x_1+17x_2$$

$$z_2=-y_1+y_2-2y_3=-(-x_1+3x_2)+(2x_1-x_2)-2(3x_1+2x_2)$$

$$=(1+2-6)x_1+(-3-1-4)x_2=-3x_1-8x_2$$

因此，最后得到

$$\begin{cases} z_1 = 2x_1+17x_2 \\ z_2 = -3x_1-8x_2 \end{cases}$$

函数的加减乘除运算

博：函数 x^2+x^3 可以认为是函数 x^2 与函数 x^3 相加后得到的函数吧？

三四郎：是的。确实是两个函数 x^2 与 x^3 的和。对于这一点，我们可以按照下面的思路来分析。

首先，假设有 1 个二元函数 $F(y,z)=y+z$。

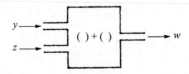

此时令 y 与 x^2、z 与 x^3 各自相连。

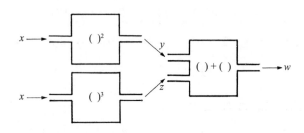

笑：通过一体化处理，这种多个装置组合而成的复杂装置变成了单独一个装置。

三四郎：若把 x^2 与 x^3 替换为更具一般性的函数 $f(x)$ 与 $g(x)$，则可得到

$$F(f(x), g(x)) = f(x) + g(x)$$

笑：这是用 + 连接 $f(x)$ 与 $g(x)$ 得到了新函数 $f(x)+g(x)$，用 −、×、÷ 代替 + 也是一样的吧？

三四郎：替换后会得到怎样的函数呢？

笑：是

$$f(x) - g(x), \, f(x) \cdot g(x), \, \frac{f(x)}{g(x)}$$

吧？

博：也就是说，函数间是存在 +、−、×、÷ 这 4 种组合方式的。

12. 映射与变换

把输入和输出放进袋子

三四郎：让我们再重温一下自动售货机的例子吧。自动售货机的种类可谓五花八门，我们从中选一个最简单的。例如，有一个这样的自动售货机，如果向其投入 3 枚 100 日元的硬币，就能得到一张入场券。我们无法向其投入 500 日元及 10 日元的硬币。

博：如果不小心把 10 日元的硬币误投其中，只要按铃就能返还。

三四郎：也就是说，能够进入入口的东西并非什么都行，而是有严格限制的。

笑：除了 3 枚 100 日元的硬币以外，向其投入什么都毫无意义。当然，不仅不能投入 500 日元和 10 日元的硬币，1000 日元和 10000 日元的纸币也同样不行。

三四郎：这种能够进入某个黑箱入口的"东西"的范围叫作该黑箱的定义域。

博：如此说来，定义域是某种东西的总和。

三四郎：没错。定义域是可以进入某个黑箱的东西的总和。

笑：也就是集合吧。

博：可以成为某一个黑箱输入的东西的集合就是这个黑箱的定义域。

笑：那么，输出也得有个说法吧，不然就不公平了。

三四郎：当然，数学不会亏待任何一方。从某一个出口出来的所有东西的集合叫作值域。

博：那么，对于入场券的自动售卖机来说，其值域为价格为 300 日元的一张入场券。

三四郎：如果把定义域和值域都看作袋子，问题就简单多了。一个输入 x 从定义域的袋子出来后进入装置 $f(\ )$ 中，转化成 y 后进入值域的袋子。

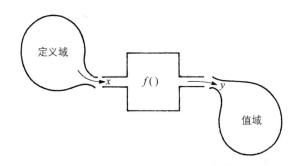

笑：与此前相比，不同之处仅为把输入和输出放入袋子内吗？

三四郎：嗯，差不多吧。放入袋子显得很有条理。若把定义域和值域的袋子均看作透明的塑料袋，则如下图所示。

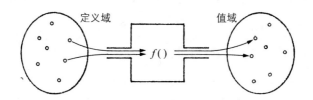

笑：带箭头的线表示"放入什么后出来什么"吧。

三四郎：一条带箭头的线把定义域中的某个东西，也就是集合中的一个元素 x，与值域这个集合中的一个元素 y 连接起来。此时，叫作"x 与 y……"

博：是"x 与 y 对应"吧？

三四郎：没错。"对应"是数学的常用术语。它们的对应关系是由 $f( )$ 决定的。

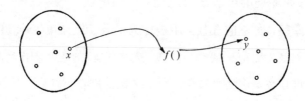

映射相机

博：$f( )$ 有点像照相机。

笑：确实像照相机。定义域相当于被拍摄的对象，值域则相当于胶卷。

三四郎：把它比喻为照相机很贴切。$f(\ )$ 的确是照相机。从数学定义层面上讲，$f(\ )$ 为 x 到 y 的映射。

笑：如果将其视为照相机，就变得豁然开朗。

博：此前的函数可以说是映射相机吧。

笑：定义域是映射相机的视野范围。因此，视野以外的人无法通过 $f(\ )$ 进行拍摄。

博：值域是映在胶卷上的像。

三四郎：被拍摄的对象通过照相机 $f(\ )$ 映在胶卷上，然后制成胶片，再通过放映机 $g(\ )$ 放映到银幕上。最终得到 $g(f(\ ))$。

换句话说，由于这一过程是把被拍摄的对象转移到胶卷上来，所以也可以用变换这个词来表述这种变化。

笑：那么，也可以说函数 $f(\ )$ 是"变换器"。

博：从映射的角度看，$f(\ )$ 也是"映射器"。

三四郎：虽然它在数学中被称为函数，但是在各种具体场景下也可称其为对应、映射、变换。尽管它们在意思上有些微妙的差异，将其统一概括为函数这一个名称也没有关系。

(3) $y = \dfrac{2x-3}{5x+6}$

(4) $y = \dfrac{ax+b}{cx+d}$ （$ad-bc \neq 0$）

$(\ )^2$ 的反函数的求解方法

三四郎：请看一看下面的问题。

当正方形的面积为 y（cm^2）时，求解其边长 x（cm）。

笑：可以根据公式

$$x^2 = y$$

由边长 x（cm）求解出正方形的面积 y（cm^2）。对于您提出的问题而言，只要进行逆运算就可以了吧？

三四郎：那么具体要怎么做呢？

博：可以计算 y 的平方根。

$$x = \sqrt{y}$$

笑：函数 $(\ )^2$ 的反函数为 $\sqrt{(\ )}$。

三四郎：那么，如何根据 y 求解 $\sqrt{y}$ 呢？

博：我觉得可以使用图像来求解。首先画出 $y=x^2$ 的图像，如下图所示。

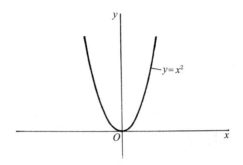

三四郎：这个图像是什么形状呢？

笑：是抛物线。也就是从地面向远处抛出物体时形成的曲线轨迹。现在的情况是反过来而已。

三四郎：当由 x 来确定 y 时，可以按照下图所示步骤在横轴上选取 x 的点，经过该点画出横轴的垂线，经过这条垂线与抛物线的交点画出一条水平线，这条水平线与纵轴的交点即为 y。

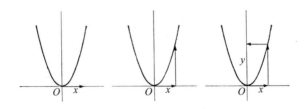

反函数则进行逆向操作。首先在纵轴上选取正 y 的点，画出经过该点的水平线，让其与抛物线相交。

博：这条水平线会在纵轴的两侧各有一个交点。

三四郎：既然有两个交点，就要分别经过这两个交点画出横轴的垂线，两条垂线与横轴的交点即为 x。

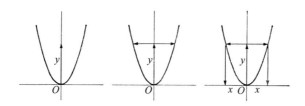

x 出现在两处，这该怎么办呢？

博：若令正的为 x，则负的为 $-x$。

笑：由一个 y 推导出两个 x，这下可麻烦了。

三四郎：此时若用 $\sqrt{y}$ 表示正值，则应该用 $-\sqrt{y}$ 表示负值。

因为正值也可写成 $+\sqrt{y}$ ，所以可以记作

$$\pm\sqrt{y}$$

同时表示正值和负值。

笑：若 $y=4$，则可立即得知 $4=(x)^2$ 中的 x 为 ± 2。若 $y=3$，则无法立即找到符合

$$3=(x)^2$$

的 x，也就是无法立即得知 x 为 $\sqrt{3}$ 。

当 $x=1$ 时，$(1)^2=1$ 比 3 小；当 $x=2$ 时，$(2)^2=4$ 比 3 大。

博：由此可知 $\sqrt{3}$ 似乎是介于 1 和 2 之间的数。

三四郎：请你们尽量精确地画出抛物线的图像，然后求解 $\sqrt{3}$

的大小吧。

笑：我来试试。

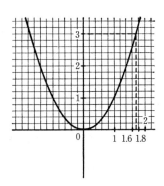

通过图像判断，$\sqrt{3}$ 大概介于 1.6 和 1.8 之间。也就是说，$\sqrt{3}$ 似乎比 1.6 大，而比 1.8 小。

$$1.6 < \sqrt{3} < 1.8$$

三四郎：虽然借助图像的求解方式简单快捷，但是无法得出准确的答案。

博：基于图像的计算属于拙速主义行为。

三四郎：下面就让我们花点时间来探寻一下求解准确答案的方法吧。

第四章　二次函数

14. 平方根

三四郎：某个数 n 的平方根的求解方法叫作开平方。我们来研究一下它的求解方法吧。

首先，请制作下面的容器。

把厚度为 1cm 的等腰直角三角形容器倒置，并向其注入水。令水的深度为 x cm。此时，水的体积 y 是多少呢?

笑：以水面为底边的等腰直角三角形的底边长为 $2x$，高度为 x，所以面积为

$$\frac{1}{2} \times x \times 2x = x^2 (\text{cm}^2)$$

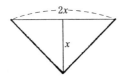

因为厚度为 1cm，所以体积为

$$x^2 \times 1 = x^2 (\text{cm}^3)$$

所以

$$y = x^2$$

因为 $x = \sqrt{y}$ ，所以当 $y = 3$ 时，向该容器内注入 $3cm^3$ 的水后，水的深度为 $\sqrt{3}$ 。

求解 $\sqrt{3}$

三四郎：如果存在这样的容器，且附带测量深度的刻度，那么就可以随时求解数的平方根。让我们在此基础上想一想 $\sqrt{3}$ 的计算方法吧。

当向容器内注入 $3cm^3$ 的水时，水的深度 x 会在什么位置呢？

博： 若 $x = 1$ ，则 $x^2 = 1$ ，所以 $\sqrt{3}$ 比 1 大。

笑： 可是，若 $x = 2$ ，则 $x^2 = 4$ ，所以 $\sqrt{3}$ 比 2 小。也就是说

$$1 < \sqrt{3} < 2$$

三四郎：那么，我们先向容器内注入 $1cm^3$ 的水吧。

博： 此时高度为 1cm。水还有剩余。

三四郎：剩余多少呢？

笑： $3 - 1 = 2$ （ cm^3 ）。

博： 那么剩余的 $2cm^3$ 水将从 1cm 刻度的上方注入容器，对吧？

三四郎：让我们对 1 与 2 之间的刻度再进一步细化吧，标记

上 1.0, 1.1, 1.2, ⋯, 1.8, 1.9, 2.0。

若令剩余部分水注入容器后对应的高度为 t，那么它的体积怎么计算呢?

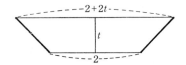

博：这个梯形的上底为 $(2+2t)$cm，下底为 2cm，高度为 $t$cm，所以表面积为

$$\frac{1}{2} \times \{(2+2t)+2\} \times t = (1+1+t)t = (2+t)t \ (\text{cm}^2)$$

因为厚度为 1cm，所以体积为 $(2+t)t$ cm^3。只要它与 2cm^3 相等即可。

$$(2+t)t = 2$$

三四郎：当 t 为 0.8 时

$$(2+0.8) \times 0.8 = 2.8 \times 0.8 = 2.24$$

结果太大，而当 t 为 0.7 时

$$(2+0.7) \times 0.7 = 2.7 \times 0.7 = 1.89$$

结果又太小。

所以，完全符合条件的 t 应该介于 0.7 与 0.8 之间。

$$0.7 < t < 0.8$$

那么，先把水注入至 1.7 的刻度。剩余水的体积为

$$2 - 1.89 = 0.11$$

接下来进一步细化刻度，将 0.7 与 0.8 之间进行十等分。

若令此时剩余部分水注入容器后对应的高度为 t'，那么它的体积为

$$(2.7 + 0.7 + t')t' = (3.4 + t')t' = 0.11$$

通过求解 t' 可知

$$0.03 < t' < 0.04$$

如此重复这样的操作，逐步细化刻度，计算剩余水的体积与注入容器后对应的高度。

让我们用笔算的形式写出这一过程吧。

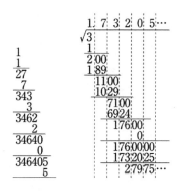

在这种笔算方法中，右侧为除法的形式，左侧为辅助计算。

(1) 首先，因为 $1^2 < 3 < 2^2$，所以右侧写下 1。把 1 写在左侧，为了得到其 2 倍的数，在其下方再写一个 1，并进行加法运算。

(2) 计算 $3 - 1^2$。

(3) 若想求解上一步的计算结果 2，则需精确到小数点后两位，使其变为 2.00。

(4) 根据 $(1+1+t)t = 2.00$ 计算出 t 的近似值为 0.7，并在右侧写下 7。把 7 写在左侧，为了得到其 2 倍的数，在其下方再写一个 7，并进行加法运算。

(5) 计算 $2.00 - 2.7 \times 0.7$。

(6) 若想求解上一步的计算结果 0.11，则需精确到小数点后四位，使其变为 0.1100。

……

这种笔算过程与刚才向容器中逐步注水的逻辑完全一致吧？

博：除法有些复杂，小数点后每次都要增加两个数位。

三四郎：是的。当求解 432.8356 这种数的平方根时，要遵循小数点后每两个数位进行隔开的基准。请做一做下面的习题吧。

练习题

1. 求解下列平方根（精确到小数点后四位）

$\sqrt{2}$，$\sqrt{5}$，$\sqrt{6}$，$\sqrt{7}$，$\sqrt{10}$，$\sqrt{2.56}$

15. 二次方程

三四郎：$y=f(x)=ax^2+bx+c(a\neq0)$ 为二次函数，我们试试求解它的反函数吧。

博：$x=f^{-1}(y)$ 的形式，对吧？

三四郎：是的。先确定 y，再找出对应的 x。

笑：我想按照与求解一次方程相同的方法来思考。不知是否可行……

博：不管成功与否，姑且试一试看。即使失败了也没什么损失。

二次方程的根

笑：把包含未知数 x 与不含 x 的代数式左右分开。

$$ax^2+bx=y-c$$

博：感觉 ax^2 中的 a 有些碍事。

笑：要么把这个 a 去掉？

三四郎：那么该怎么办呢？

笑：让整体都除以 a，便可得到

$$x^2 + \frac{b}{a}x = \frac{y-c}{a}$$

三四郎：如果令 $\frac{b}{a}$ 为正数，把左边的 $x^2 + \frac{b}{a}x$ 看作开平方时所使用的容器怎么样？

博：$x^2 + \frac{b}{a}x = x\left(x + \frac{b}{a}\right)$

如果把 x 看作前面出现过的高度 t，就能得到下面的梯形。

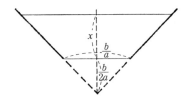

它的下底为 $\frac{b}{a}$，上底为 $\frac{b}{a} + 2x$，高度为 x。

笑：虚线部分的体积为

$$(\frac{b}{2a})^2 = \frac{b^2}{4a^2}$$

博：计算总体积就是在两边都加上这部分体积。

$$x^2 + \frac{b}{a}x + \frac{b^2}{4a^2} = \frac{y-c}{a} + \frac{b^2}{4a^2} = \frac{b^2 + 4a(y-c)}{4a^2}$$

因为该等式的左边为等腰直角三角形的面积，所以它的高度

为 $x+\dfrac{b}{2a}$。因此上面的等式可记作

$$\left(x+\frac{b}{2a}\right)^2=\frac{b^2+4a(y-c)}{4a^2}$$

开平方后可知

$$x+\frac{b}{2a}=\pm\sqrt{\frac{b^2+4a(y-c)}{4a^2}}$$

$$x=\frac{-b}{2a}\pm\frac{\sqrt{b^2+4a(y-c)}}{2a}=\frac{-b\pm\sqrt{b^2+4a(y-c)}}{2a}$$

三四郎：于是，反函数为

$$x=f^{-1}(y)=\frac{-b\pm\sqrt{b^2+4a(y-c)}}{2a}$$

博：这就是先确定 y，再求解 x 的等式。

笑：由于代数式中包含 $\pm\sqrt{\ }$，所以尽管 y 为唯一数值，也能确定两个 x。

三四郎：由于确定了 y，就能推导出

$$x=\frac{-b}{2a}\pm\frac{\sqrt{b^2+4a(y-c)}}{2a}$$

所以，若由 y 画出一条水平线，则它与图像中的抛物线相交

于与 $-\dfrac{b}{2a}$ 左右均间隔 $\dfrac{\sqrt{b^2+4a(y-c)}}{2a}$ 的两个点。

博： 那么，这个图像就是以 $x=-\dfrac{b}{2a}$ 这条垂线为对称轴的轴对称图形。

三四郎： 光看这个等式就能明白这一点。

笑： 若 $\sqrt{}$ 内为正数，则为实数，但若 $\sqrt{}$ 内为负数，则无法求解 $\sqrt{}$ 。

三四郎： 此时表示没有交点。如果 $b^2+4a(y-c)<0$，就不会相交。

博： 也就是打空了。

三四郎： 哪里有这种 y 呢？

笑： 因为 $b^2+4a(y-c)<0$

所以 $4a(y-c)<-b^2$

当 $a>0$ 时，不等式两边分别除以正数 $4a$ 后可得

$$y-c<-\dfrac{b^2}{4a}$$

$$y<-\dfrac{b^2}{4a}+c=\dfrac{4ac-b^2}{4a}$$

若 $b^2+4a(y-c)=0$，则存在 1 个交点。此时

$$y=\dfrac{4ac-b^2}{4a}$$

若 $b^2+4a(y-c)>0$，则

$$y > \frac{4ac-b^2}{4a}$$

此时存在 2 个交点。

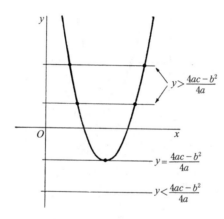

三四郎：当 $a<0$ 时结果如何呢?

博：抛物线会上下颠倒开口变为向下吧?

三四郎：这是显而易见的。那么，抛物线的顶点位于何处呢?

博：我知道。

$$x=-\frac{b}{2a}\ ,\ \ y=\frac{4ac-b^2}{4a}$$

这个点就是抛物线的顶点。

笑：若 $y=0$，则 $ax^2+bx+c=0$，此时

$$x = \frac{-b \pm \sqrt{b^2 + 4a(0-c)}}{2a} = \frac{-b \pm \sqrt{b^2 - 4ac}}{2a}$$

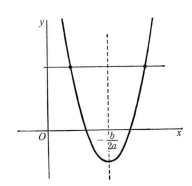

三四郎：这就是二次方程求根公式。

$$x = \frac{-b \pm \sqrt{b^2 - 4ac}}{2a}$$

练习题

1. 已知 $y = 3x^2 - 2x - 4$，求 $y = -3$，-2，0，2，4 时所对应的 x。

2. 已知 $y = -x^2 + 3x - 5$，求 $y = -3$，-5，-6 时所对应的 x。

3. 求解 $y = 2x^2 - 5x + 2$ 的对称轴，并画出其形状。

4. 求解下列二次方程。

(1) $x^2 - x - 1 = 0$

(2) $2x^2 + 5x - 6 = 0$

(3) $-3x^2 + 4x + 2 = 0$

16. 插值法

未知函数的发现

博：对于 $y=f(x)$ 而言，只要 $f(\ )$ 这个函数和输入 x（自变量）确定后，就能自然而然地确定输出 y（因变量）。

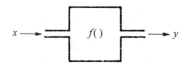

然后找到通过确定的 $f(\ )$ 和输出 y 求解 x 的反函数 $f^{-1}(\ )$。

那么，现在可以挑战通过 x 和 y 来推导出 $f(\ )$ 的问题了吧？

三四郎：当然，确实也有这样的问题。此时我们的搜寻目标为函数 $f(\ )$。

笑：这与之前相比略有不同。这是一场发现未知函数之旅。

三四郎：例如，我们来思考一下下面的问题吧。

假设 $f(\ )$ 为一次的多项式函数，$x=x_1$ 时 $y=y_1$，$x=x_2$（$x_1 \neq x_2$）时 $y=y_2$。求解这样的函数 $f(\ )$。

笑：既然是一次的多项式函数，那么若用图像表示的话则为一条直线。

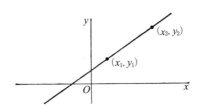

因为 $x=x_1$ 时 $y=y_1$，也就是

$$y_1=f(x_1)$$

所以图像中的直线会经过点 (x_1, y_1)。

同理可知，$x=x_2$ 时 $y=y_2$ 即为

$$y_2=f(x_2)$$

该条直线也会经过点 (x_2, y_2)。

三四郎：也就是说，这个问题为求解表示经过两个点 (x_1, y_1) 和 (x_2, y_2) 的直线的函数 $y=f(x)$。请你们求解一下吧。

笑：因为 $f(\ )$ 为一次的多项式函数，所以可记作

$$y=f(x)=mx+n$$

三四郎：很好。接下来怎么办呢？

笑：试着把 $y_1=f(x_1)$ 和 $y_2=f(x_2)$ 代入。

$$\begin{cases} y_1 = mx_1 + n & \text{(i)} \\ y_2 = mx_2 + n & \text{(ii)} \end{cases}$$

博：原来如此，因为 m 和 n 是未知数，所以可以将其视为二

元一次方程组来进行求解。

三四郎：请你们求解一下吧。

笑：令 (i)-(ii)，则可消去 n

$$y_1 - y_2 = m(x_1 - x_2)$$

因为 $x_1 \neq x_2$，所以

$$m = \frac{y_1 - y_2}{x_1 - x_2}$$

令 (i)×x_2-(ii)×x_1，则

$$y_1 x_2 - y_2 x_1 = n(x_2 - x_1)$$

所以

$$x_1 y_2 - x_2 y_1 = n(x_1 - x_2)$$

因为 $x_1 \neq x_2$，所以

$$n = \frac{x_1 y_2 - x_2 y_1}{x_1 - x_2}$$

将其代入 $y = mx + n$ 可知

$$y = f(x) = \frac{y_1 - y_2}{x_1 - x_2} \cdot x + \frac{x_1 y_2 - x_2 y_1}{x_1 - x_2}$$
$$= \frac{(y_1 - y_2)x + (x_1 y_2 - x_2 y_1)}{x_1 - x_2}$$

博：我来验算一下吧。

首先，通过观察代数式的形式便知这个 $f(x)$ 为一次的多项式函数。然后，对 $y_1=f(x_1)$ 和 $y_2=f(x_2)$ 进行验证。

$$f(x_1) = \frac{(y_1 - y_2)x_1 + (x_1y_2 - x_2y_1)}{x_1 - x_2}$$

$$= \frac{x_1y_1 - x_1y_2 + x_1y_2 - x_2y_1}{x_1 - x_2}$$

$$= \frac{x_1y_1 - x_2y_1}{x_1 - x_2} = \frac{y_1(x_1 - x_2)}{x_1 - x_2} = y_1$$

同理可知

$$f(x_2) = \frac{(y_1 - y_2)x_2 + (x_1y_2 - x_2y_1)}{x_1 - x_2}$$

$$= \frac{x_2y_1 - x_2y_2 + x_1y_2 - x_2y_1}{x_1 - x_2}$$

$$= \frac{x_1y_2 - x_2y_2}{x_1 - x_2} = \frac{y_2(x_1 - x_2)}{x_1 - x_2} = y_2$$

因此，这个 $f(\ )$ 的确为我们要找的函数。

笑：可是，我有点担心 $y_1=y_2$ 的情况。在这种情况下，因为 $y_1-y_2=0$，所以

$$f(x) = \frac{(y_1 - y_2)x + (x_1y_2 - x_2y_1)}{x_1 - x_2} = \frac{x_1y_2 - x_2y_1}{x_1 - x_2}$$

由于代数式中不含 x，就变成了一个常数，因此这种情况下

的多项式并非为一次，而是零次的。

三四郎：你发现了很重要的一点。

博：原来如此，如果 $y_1=y_2$，这两个点将位于同一水平线，那么该函数的图像则为水平线。

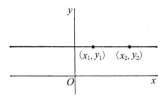

三四郎：所以，这个问题换成下面的说法会更好。

$f(\ )$ 充其量为一次的多项式函数，当 $x=x_1$ 时 $y=y_1$，$x=x_2$ 时 $y=y_2$。求解一下这样的 $f(\ )$ 吧。

加上"充其量"这个词语后，意味着多项式的次数为一次或一次以下。因此，次数即使为 0 次也无妨。

那么，下面我们做个例题吧。

请求解 $f(-2)=3$，$f(1)=4$ 的一次多项式函数 $f(\ )$。

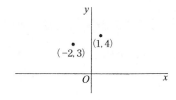

博：只要代入公式就行吧。

公式为

$$y = \frac{(y_1 - y_2)x + (x_1 y_2 - x_2 y_1)}{x_1 - x_2}$$

代入公式后可知

$$y = \frac{(3-4)x + (-2) \times 4 - 1 \times 3}{-2-1} = \frac{-x - 8 - 3}{-3} = \frac{x + 11}{3}$$

笑： 我来验算一下。

首先，一眼就能看出这是一次多项式函数。然后对 $f(-2) = 3$，$f(1) = 4$ 进行验证。

$$f(-2) = \frac{-2 + 11}{3} = \frac{9}{3} = 3$$
$$f(1) = \frac{1 + 11}{3} = \frac{12}{3} = 4$$

这个 $f(x)$ 的确是我们想要的函数。

经过三个点的未知函数

三四郎： 看来你们已经熟练掌握了前面的内容。

下面我们不研究经过两个点的函数了，来研究下经过三个点的函数吧。

博： 一次多项式函数就不再适用了吧？

三四郎： 那你们知道几次的多项式函数合适吗？

笑：这次该是"充其量为二次的多项式函数"了。

博：如果是二次的，可记作

$$y=a_0x^2+a_1x+a_2$$

那么，未知的系数共有三个，分别为 a_0，a_1，a_2，所以只要附上三个条件似乎就能迎刃而解。

三四郎：你们来解答下面的问题吧。

求解一个充其量为二次的多项式函数 $f(\ )$，使其满足 $y_1=f(x_1)$，$y_2=f(x_2)$，$y_3=f(x_3)$。

笑：首先，将其转换成 $y=f(x)=a_0x^2+a_1x+a_2$。然后，列出以上三个条件。

$$\begin{cases} y_1 = a_0x_1^2 + a_1x_1 + a_2 & \text{(i)} \\ y_2 = a_0x_2^2 + a_1x_2 + a_2 & \text{(ii)} \\ y_3 = a_0x_3^2 + a_1x_3 + a_2 & \text{(iii)} \end{cases}$$

只要解开关于 a_0，a_1，a_2 这三个未知数的三元一次方程组就行了。

博：那我来试着解一下吧。

通过 (i)−(ii) 去掉 a_2

$$y_1-y_2=a_0(x_1^2-x_2^2)+a_1(x_1-x_2)$$

因为 $x_1^2-x_2^2-(x_1-x_2)(x_1+x_2)$，等式两边除以 x_1-x_2 后可得

$$\frac{y_1 - y_2}{x_1 - x_2} = a_0(x_1 + x_2) + a_1 \qquad \text{(iv)}$$

同理通过 (ii)−(iii) 可得

$$\frac{y_2 - y_3}{x_2 - x_3} = a_0(x_2 + x_3) + a_1 \qquad \text{(v)}$$

通过 (iv)−(v) 去掉 a_1

$$\frac{y_1 - y_2}{x_1 - x_2} - \frac{y_2 - y_3}{x_2 - x_3} = a_0(x_1 - x_3)$$

$$\frac{(y_1 - y_2)(x_2 - x_3) - (y_2 - y_3)(x_1 - x_2)}{(x_1 - x_2)(x_2 - x_3)} = a_0(x_1 - x_3)$$

$$a_0 = \frac{(x_1 - x_2)(y_2 - y_3) - (x_2 - x_3)(y_1 - y_2)}{(x_1 - x_2)(x_2 - x_3)(x_3 - x_1)} \qquad \text{(vi)}$$

通过 (iv)×(x_2+x_3)−(v)×(x_1+x_2) 求解 a_1

$$\frac{(y_1 - y_2)(x_2 + x_3)}{x_1 - x_2} - \frac{(y_2 - y_3)(x_1 + x_2)}{x_2 - x_3} = a_1(x_3 - x_1)$$

$$a_1 = \frac{(x_2 + x_3)(x_2 - x_3)(y_1 - y_2) - (x_1 + x_2)(x_1 - x_2)(y_2 - y_3)}{(x_1 - x_2)(x_2 - x_3)(x_3 - x_1)}$$

$$= \frac{(x_2^2 - x_3^2)(y_1 - y_2) - (x_1^2 - x_2^2)(y_2 - y_3)}{(x_1 - x_2)(x_2 - x_3)(x_3 - x_1)}$$

然后求解 a_2。通过 (ii)×x_1−(i)×x_2 可知

$$x_1 y_2 - x_2 y_1 = a_0 x_1 x_2 (x_2 - x_1) + a_2(x_1 - x_2)$$

$$\frac{x_1 y_2 - x_2 y_1}{x_1 - x_2} = -a_0 x_1 x_2 + a_2 \qquad \text{(vii)}$$

通过 (iii)×x_2−(ii)×x_3 可知

$$x_2 y_3 - x_3 y_2 = a_0 x_2 x_3 (x_3 - x_2) + a_2 (x_2 - x_3)$$

$$\frac{x_2 y_3 - x_3 y_2}{x_2 - x_3} = -a_0 x_2 x_3 + a_2 \qquad \text{(viii)}$$

通过 (viii)×x_1−(vii)×x_3 可知

$$\frac{(x_2 y_3 - x_3 y_2)x_1}{x_2 - x_3} - \frac{(x_1 y_2 - x_2 y_1)x_3}{x_1 - x_2} = a_2 (x_1 - x_3)$$

$$a_2 = \frac{x_3(x_2 - x_3)(x_1 y_2 - x_2 y_1) - x_1(x_1 - x_2)(x_2 y_3 - x_3 y_2)}{(x_1 - x_2)(x_2 - x_3)(x_3 - x_1)}$$

三四郎：请把它们代入最初的算式吧。

博：

$$y = a_0 x^2 + a_1 x + a_2$$

$$= \frac{\{(x_1 - x_2)(y_2 - y_3) - (x_2 - x_3)(y_1 - y_2)\}x^2}{(x_1 - x_2)(x_2 - x_3)(x_3 - x_1)}$$

$$+ \frac{\{(x_2^2 - x_3^2)(y_1 - y_2) - (x_1^2 - x_2^2)(y_2 - y_3)\}x}{(x_1 - x_2)(x_2 - x_3)(x_3 - x_1)}$$

$$+ \frac{x_3(x_2 - x_3)(x_1 y_2 - x_2 y_1) - x_1(x_1 - x_2)(x_2 y_3 - x_3 y_2)}{(x_1 - x_2)(x_2 - x_3)(x_3 - x_1)}$$

多项式函数的公式

笑：这真是烦琐的算式。就不能再想想其他办法了吗？

三四郎：有趣的是还真有其他办法。也就是说，有一个更加简单易记的公式。

博：赶紧告诉我们吧。

三四郎：好。首先去掉 x_1，x_2，x_3 中的一个，例如去掉 x_1，找出剩下的 x_2，x_3 对应的函数值为 0 的二次函数。

笑：那就是下面这样的函数吧？

$$y=(x-x_2)(x-x_3)$$

三四郎：如果 x_1 对应的函数值为 1，情况如何呢？

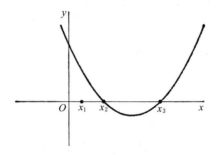

博：因为 x_1 对应的函数为 $(x_1-x_2)(x_1-x_3)$，所以可以预先除以该函数值。

$$y=\frac{(x-x_2)(x-x_3)}{(x_1-x_2)(x_1-x_3)}$$

三四郎：我们令其为 $g_1(x)$ 吧。

$$\begin{cases} g_1(x_1)=1 \\ g_1(x_2)=0 \\ g_1(x_3)=0 \end{cases}$$

那么这些条件是成立的。

同样求解出 $x=x_1$，x_3 对应的函数值为 0，且 x_2 对应的函数值为 1 的函数 $g_2(x)$ 吧。

笑： 同理可知

$$g_2(x) = \frac{(x-x_3)(x-x_1)}{(x_2-x_3)(x_2-x_1)}$$

也就是

$$\begin{cases} g_2(x_1) = 0 \\ g_2(x_2) = 1 \\ g_2(x_3) = 0 \end{cases}$$

三四郎： 那么，$g_3(x_1)=0$，$g_3(x_2)=0$，$g_3(x_3)=1$ 的函数呢？

博： 同理可知

$$g_3(x) = \frac{(x-x_1)(x-x_2)}{(x_3-x_1)(x_3-x_2)}$$

也就是

$$\begin{cases} g_3(x_1) = 0 \\ g_3(x_2) = 0 \\ g_3(x_3) = 1 \end{cases}$$

三四郎： 好，全此准备工作已就绪。在 $g_1(x)$，$g_2(x)$，$g_3(x)$ 的基础上，

$$\begin{cases} f(x_1) = y_1 \\ f(x_2) = y_2 \\ f(x_3) = y_3 \end{cases}$$

找到符合这些条件的函数则为下一步任务。该怎么办呢？

笑：因为 $g_1(x)$，$g_2(x)$，$g_3(x)$ 充其量为二次的，所以

$$c_1g_1(x)+c_2g_2(x)+c_3g_3(x)$$

同样充其量为二次的。当然，c_1，c_2，c_3 为常数。

三四郎：很好，你的思路是对的。

笑：若将其替换成 $h(x)$ 的形式，则为

$$h(x)=c_1g_1(x)+c_2g_2(x)+c_3g_3(x)$$

博：啊，我明白了。然后把 $x=x_1$，x_2，x_3 代入 $h(x)$。

$$h(x_1)=c_1g_1(x_1)+c_2g_2(x_1)+c_3g_3(x_1)$$
$$=c_1 \times 1+c_2 \times 0+c_3 \times 0=c_1$$
$$h(x_2)=c_1g_1(x_2)+c_2g_2(x_2)+c_3g_3(x_2)$$
$$=c_1 \times 0+c_2 \times 1+c_3 \times 0=c_2$$
$$h(x_3)=c_1g_1(x_3)+c_2g_2(x_3)+c_3g_3(x_3)$$
$$=c_1 \times 0+c_2 \times 0+c_3 \times 1=c_3$$

笑：因此，可以用 y_1，y_2，y_3 来替换 c_1，c_2，c_3。

$$f(x) = y_1 g_1(x) + y_2 g_2(x) + y_3 g_3(x)$$

$$= \frac{y_1(x-x_2)(x-x_3)}{(x_1-x_2)(x_1-x_3)} + \frac{y_2(x-x_3)(x-x_1)}{(x_2-x_3)(x_2-x_1)} + \frac{y_3(x-x_1)(x-x_2)}{(x_3-x_1)(x_3-x_2)}$$

博：原来如此，这样就好记多了。

三四郎：那么，请想一想下面的问题吧。

请求解 $f(-1)=1, f(1)=2, f(2)=3$ 的二次多项式函数。

笑：只要把

$$\begin{cases} x_1 = -1 \\ y_1 = 1 \end{cases} \qquad \begin{cases} x_2 = 1 \\ y_2 = 2 \end{cases} \qquad \begin{cases} x_3 = 2 \\ y_3 = 3 \end{cases}$$

代入上面的公式就行吧。

$$f(x) = \frac{1(x-1)(x-2)}{(-1-1)(-1-2)} + \frac{2(x-2)(x+1)}{(1-2)(1+1)} + \frac{3(x+1)(x-1)}{(2+1)(2-1)}$$

$$= \frac{(x-1)(x-2)}{6} - \frac{2(x-2)(x+1)}{2} + \frac{3(x+1)(x-1)}{3}$$

$$= \frac{x^2-3x+2-6(x^2-x-2)+6(x^2-1)}{6} = \frac{x^2+3x+8}{6}$$

博：我来验算一下。

$$f(-1) = \frac{(-1)^2+3(-1)+8}{6} = \frac{1-3+8}{6} = \frac{6}{6} = 1$$

$$f(1) = \frac{1^2+3\times1+8}{6} = \frac{1+3+8}{6} = \frac{12}{6} = 2$$

$$f(2) = \frac{2^2+3\times2+8}{6} = \frac{4+6+8}{6} = \frac{18}{6} = 3$$

这个 $f(x)$ 的确为符合条件的答案。

三四郎： 下面就请你们做一做课后习题吧。

练习题

1. 请求解一个充其量为二次的多项式函数 $f(x)$，使其满足 $f(-2)=-1, f(-1)=0, f(0)=-2$。

2. 请求解一个充其量为二次的多项式函数 $\phi(x)$，使其满足 $\phi(1)=2, \phi(2)=1, \phi(4)=5$。

3. 请求解一个充其量为二次的多项式函数 $g(x)$，使其满足 $g(1)=3, g(2)=2, g(3)=4$。

插值法

笑： 只要知晓三个 x 所对应的 y 的值就能确定二次多项式函数 $y=f(x)$。

三四郎： 如果将其用图像展示出来，会是什么形状呢？

笑： 二次多项式函数的图像为具有垂直对称轴的抛物线。对于这种抛物线而言，只要给出曲线上的三个点，就能确定其图像。

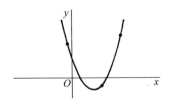

三四郎：最初我们只知道函数图像经过 (x_1, y_1), (x_2, y_2), (x_3, y_3) 这三个点。也就是说，我们只知道 x_1, x_2, x_3 所对应的函数的值，即

$$f(x_1)=y_1,\ f(x_2)=y_2,\ f(x_3)=y_3$$

然而根据前面的公式，我们可以推导出这三个点之间所有点的函数值。

博：真是有意思的点啊。

三四郎：通过插入点的方式揭晓 x_1, x_2, x_3 之间未知的值，也就是插入图像变换时像素之间的空隙，所以称其为插值法。

笑：把某日气温监测每隔一小时监测一次的温度数据绘制到坐标纸上，各点之间用曲线连接是一种插值法吗？

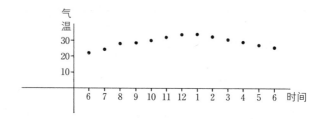

三四郎：也可以这么说吧。

博：不过，各点之间的连接线画法会因人而异吧？

笑：是的。可能有的人会用僵硬的直线连接，有的人会用平滑的曲线连接。

拉格朗日插值公式

笑：不过，如果知道相应函数"充其量为二次的多项式函数"，就不会出现上述情况了。

博：如果已知三个点的位置，那么这三个点之间的值也就全都无法自由移动了。

三四郎：如果把"充其量为二次"的条件替换成"充其量为三次"的条件，那么情况如何呢？由于新的条件与"充其量为二次"相比，次数仅增加了一次，可以以同样的思路来处理。

博：首先把要求解的函数 $f(x)$ 替换为

$$f(x) = a_0 x^3 + a_1 x^2 + a_2 x + a_3$$

笑：因为未知数为 a_0，a_1，a_2，a_3，共计 4 个，所以需要 4 个条件。

博：令这 4 个条件如下。

$$\begin{cases} f(x_1) = y_1 \\ f(x_2) = y_2 \\ f(x_3) = y_3 \\ f(x_4) = y_4 \end{cases}$$

笑：把这 4 个条件看作关于未知数 a_0，a_1，a_2，a_3 的方程组，求解其中的 a_0，a_1，a_2，a_3 就可以了。

$$\begin{cases} a_0 x_1^3 + a_1 x_1^2 + a_2 x_1 + a_3 = y_1 \\ a_0 x_2^3 + a_1 x_2^2 + a_2 x_2 + a_3 = y_2 \\ a_0 x_3^3 + a_1 x_3^2 + a_2 x_3 + a_3 = y_3 \\ a_0 x_4^3 + a_1 x_4^2 + a_2 x_4 + a_3 = y_4 \end{cases}$$

博：可是，如果直接根据这个方程组来求解 a_0，a_1，a_2，a_3，那么计算过程将非常烦琐。二次多项式函数就已经够麻烦的了……

笑：使用与求解二次多项式函数相同的方法似乎也能顺利解开三次的情况。

三四郎：这就要开动脑筋了。

笑：指定 x_1, x_2, x_3, x_4 对应的函数值，构建函数使四个点中的一个点为 1，其余三个点均为 0，便可得到下面的三次多项式函数。

$$g_1(x_1) = 1, g_1(x_2) = g_1(x_3) = g_1(x_4) = 0$$

使用与求解二次多项式函数时所用的同样方法可知

$$g_1(x) = \frac{(x - x_2)(x - x_3)(x - x_4)}{(x_1 - x_2)(x_1 - x_3)(x_1 - x_4)}$$

博：同理可知 $g_2(x), g_3(x), g_4(x)$ 为

$$g_2(x) = \frac{(x-x_1)(x-x_3)(x-x_4)}{(x_2-x_1)(x_2-x_3)(x_2-x_4)}$$

$$g_3(x) = \frac{(x-x_1)(x-x_2)(x-x_4)}{(x_3-x_1)(x_3-x_2)(x_3-x_4)}$$

$$g_4(x) = \frac{(x-x_1)(x-x_2)(x-x_3)}{(x_4-x_1)(x_4-x_2)(x_4-x_3)}$$

笑：这四个函数的值为

$$g_1(x_1)=1, g_2(x_1)=0, g_3(x_1)=0, g_4(x_1)=0$$

$$g_1(x_2)=0, g_2(x_2)=1, g_3(x_2)=0, g_4(x_2)=0$$

$$g_1(x_3)=0, g_2(x_3)=0, g_3(x_3)=1, g_4(x_3)=0$$

$$g_1(x_4)=0, g_2(x_4)=0, g_3(x_4)=0, g_4(x_4)=1$$

博：与求解二次多项式函数时基本相同，只是代数式的数量增至四行四列而已。

笑：根据这四个函数构建下面的函数好像就可以了。

$$f(x) = y_1 g_1(x) + y_2 g_2(x) + y_3 g_3(x) + y_4 g_4(x)$$

三四郎：请验证一下这个 $f(x)$ 是否满足条件吧。

博：$f(x_1) = y_1 g_1(x_1) + y_2 g_2(x_1) + y_3 g_3(x_1) + y_4 g_4(x_1)$

$$= y_1 \times 1 + y_2 \times 0 + y_3 \times 0 + y_4 \times 0 = y_1$$

$f(x_2) = y_1 g_1(x_2) + y_2 g_2(x_2) + y_3 g_3(x_2) + y_4 g_4(x_2)$

$$= y_1 \times 0 + y_2 \times 1 + y_3 \times 0 + y_4 \times 0 = y_2$$

$f(x_3) = y_1 g_1(x_3) + y_2 g_2(x_3) + y_3 g_3(x_3) + y_4 g_4(x_3)$

$$= y_1 \times 0 + y_2 \times 0 + y_3 \times 1 + y_4 \times 0 = y_3$$

$$f(x_4)=y_1g_1(x_4)+y_2g_2(x_4)+y_3g_3(x_4)+y_4g_4(x_4)$$
$$=y_1\times 0+y_2\times 0+y_3\times 0+y_4\times 1=y_4$$

笑：与二次多项式函数的情况一样啊。所以，四次和五次的情况也能以同样的思路来处理吧？

博：四次的时候只要构建 $g_1(x)$, $g_2(x)$, $g_3(x)$, $g_4(x)$, $g_5(x)$ 就可以了。仅有一个点为 1，其余的四个点均为 0 的函数。

三四郎：五次的情况如此，六次、七次……一百次、一千次都可以用相同的方法处理。这个方法叫作拉格朗日插值公式。

笑：拉格朗日（Joseph-Louis Lagrange，1736—1813）是什么人啊？

三四郎：他是法国著名数学家，也曾为公制做出巨大努力。

拉格朗日

博：他想到了一个极其巧妙的方法。

练习题

1. 求解充其量为三次的多项式函数 $f(x)$，使其满足 $f(-2)=2$，$f(-1)=1$，$f(1)=3$，$f(2)=5$。

2. 求解充其量为三次的多项式函数 $g(x)$，使其满足 $g(-2)=2$，$g(0)=0$，$g(1)=-1$，$g(2)=3$。

3. 求解充其量为三次的多项式函数 $h(x)$，使其满足 $h(0)=2$，$h(1)=-1$，$h(2)=1$，$h(3)=-2$。

17. 实根与虚根

博： 对于 $x = \dfrac{-b \pm \sqrt{b^2 + 4a(y-c)}}{2a}$ 而言，如果 $\sqrt{}$ 中的数值为负的，就不存在实数 x 了，总感觉不对劲。

笑： 即使感觉不对劲也没有办法。因为真的不存在……

三四郎： 如果把数限定在实数的范围之内，确实找不到答案。不过，要是扩大数的范围就另当别论了。

博： 是考虑比实数范围更广的数吗？

三四郎： 是的。我们只要搬出虚数，上面的 x 就有答案了。

笑： 但是有些不可思议。负的平方根有什么意义呢？

三四郎： 你们会慢慢明白的。首先，我们来思考一下二次方程 $x^2 + 1 = 0$ 吧。

笑： 这个方程式没有根吧。因为 x^2 只能为正数或 0，不可能为负数，所以 $x^2 + 1$ 永远大于 0……

三四郎： 我想稍微更正一下"没有根"的说法。我们要说"没有实数根"。

博： 因为 $x^2 + 1 - 0$，所以 $x^2 - 1$，对吧？如果这样的 x 不是实数，就无法用直线上的点来表示。

———————————————•———————————————
0

三四郎：我们还不了解它的真面目，姑且用 i 来表示这样的 x 吧。也就是说

$$i^2 = -1$$

我们已经知道这个 i 不在直线上，那么它究竟在哪儿呢？

首先，我们来思考一下 -1 这个数。

实数乘以 -1 会发生什么变化呢？

$$实数 \times (-1)$$

笑：绝对值不变，符号相反。

三四郎：如果从直线上点的角度来看，会是什么情况呢？

博：点以 0 为中心在数轴上逆时针旋转 $180°$。

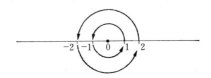

三四郎：如果把 ( )×(−1) 看作旋转 $180°$ 的话，那么

$$( ) \times (-1) = ( ) \times i^2 = ( ) \times i \times i$$

由于 2 次 $\times i$ 为旋转 $180°$，那么 1 次 $\times i$ 该如何考虑呢？

笑：原来如此，可以把 ( )×i 看作逆时针旋转 $90°$。

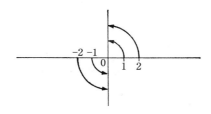

博：也就是说，数轴由水平方向变为垂直方向了。

三四郎：我们可以认为实数 ×i 排列在这条垂线上。

笑：*i* 本身在哪里呢?

博：因为 1×i=i，所以 i 位于水平线上的 1 逆时针旋转 90°的地方吧?

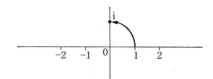

笑：它在图像中为纵轴上 1 的点。

博：确实超出了表示实数的水平线的范围。

三四郎：这样的点叫作虚数。

笑：2i，3i，…都是虚数吧?

三四郎：是的。

博：3+2i 也是虚数吗?

三四郎：这也是虚数，它所对应的点位于何处呢?

笑：因为 3 为实数，所以水平方向对应右侧的 3，2i 则表示垂直方向对应上方的 2，所以最终该点在平面上的坐标为（3，2）。

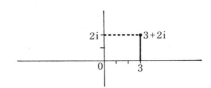

博：一般情况下，虚数 $x+y$i 用坐标为 (x, y) 的点来表示吧？

三四郎：是的。实数与虚数统称为复数。用于表示复数各点的平面叫作高斯平面。请做一做下面的习题吧。

练习题

1. 请在高斯平面上标出下列复数。

$$a = 1 - 2\text{i}，\quad b = -3 - 4\text{i}，\quad c = \frac{2 - 5\text{i}}{3}，\quad d = 3\text{i}，\quad e = -3\text{i}$$

2. 下方高斯平面上的点 a_1, a_2, a_3, a_4, a_5 是什么样的复数呢？

笑：实数加上虚数组合成复数后，数的范围一下子扩大了。

博：总之是直线让平面扩大了，对吧？

三四郎：如果数的范围扩大至复数，那么二次方程就无一例外都有根了。

博：原来如此，$x^2+1=0$ 的根为 $x=\pm i$。

笑：根号中的数值为负的也不足为奇了。

例如 $\sqrt{-3}$ 的二次方为 -3，所以可以表示为 $\sqrt{3}i$。

$$(\sqrt{3}i)^2 = (\sqrt{3})^2 i^2 = 3\times(-1) = -3$$

博：$-\sqrt{3}i$ 也是如此。

$$(-\sqrt{3}i)^2 = (\sqrt{3})^2 i^2 = 3\times(-1) = -3$$

笑：原来如此，有 $\pm\sqrt{3}i$ 两个答案。

博：所以说二次方程无一例外都有根。

笑：无一例外的说法总算让人松了一个口气。

三四郎：可以说数学研究的大致趋势都是朝着无一例外的方向发展。

练习题

1. 求解下列二次方程，并将它们的根标记在高斯平面上。

(1) $x^2+x+1=0$

(2) $2x^2+3x+2=0$

(3) $x^2+2x-3=0$

(4) $x^2+10x+169=0$

(5) $x^2+6x+25=0$

第五章　从更高层次出发

18. 关系

勾股定理的强大作用

博： 如图所示，我们已经知道诸如 $y=f(x)=x^2-1$ 这样的函数的图像为抛物线。那么，比抛物线更具亲近感的圆也能用代数式来表示吗？

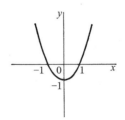

三四郎： 我们来思考一下吧。请在头脑中构建一个以原点为中心、半径为 r 的圆。

笑： 假设圆周上有一个点 $P(x, y)$。我认为只要找出此时 x 与 y 之间有什么关系就可以了。

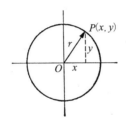

三四郎：请把用文字信息表述的条件"$P(x, y)$ 在圆周上"翻译成"数学符号"吧。

博："$P(x, y)$ 与原点 O 之间的距离为 r"，可以这么说吧？

笑：P 与 O 之间的距离是多少呢……

三四郎：请从 P 点向下画出一条垂线与 x 轴相交于 Q 点，形成线段 PQ。

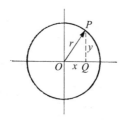

笑：这就得到了一个直角三角形 OPQ。啊，我知道了，可以使用勾股定理。因为 $OP=r$，$OQ=x$，$PQ=y$，所以

$$OQ^2 + PQ^2 = OP^2$$

也就是

$$x^2 + y^2 = r^2$$

三四郎：很好。请制作出文字信息与数学符号的对照表吧。

博：

文字信息	数学符号
$P(x, y)$ 为以原点为中心、半径为 r 的圆周上的点	$x^2 + y^2 = r^2$

三四郎：文字信息与数学符号相比，哪个简单呢？

博：当然是数学符号更简单了。

笑：不仅仅简单，而且能直接进行计算。

三四郎：文字信息是无法进行计算的。

博：勾股定理在此发挥了强大作用。

笑：我原以为勾股定理是求解面积的定理，不如说它是关于长度的定理啊。

三四郎：你发现了很重要的一点。当我们利用坐标系研究图形的时候，需要用代数式来表示两点间的距离。如果两点分别为 $P(a, b)$ 和 $P'(a', b')$，那么 P 与 P' 之间的距离为多少呢？

博：如图所示，令 PP' 为斜边，与分别与 x 轴、y 轴平行的两条直角边构成直角三角形 $PP'Q$。那么

$$P'Q = |a - a'|$$

$$PQ = |b - b'|$$

对于 $\triangle PP'Q$ 而言，根据勾股定理可知

$$PP'^2 = P'Q^2 + PQ^2 = |a - a'|^2 + |b - b'|^2 = (a - a')^2 + (b - b')^2$$

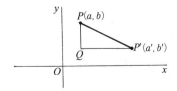

笑：对其进行开平方就能得到 PP' 了。

$$PP' = \sqrt{(a-a')^2 + (b-b')^2}$$

三四郎：那么，请计算一下 $P(15, 2)$ 与 $P'(3, -3)$ 之间的距离吧。

笑：
$$PP' = \sqrt{(15-3)^2 + \{2-(-3)\}^2} = \sqrt{12^2 + 5^2}$$
$$= \sqrt{144 + 25} = \sqrt{169} = 13$$

博：我终于明白勾股定理的价值了。

三四郎：笛卡儿在信中说过这样的话："我在创立解析几何学之际，仅从古典几何学借用了相似三角形和勾股定理，没有借用其他任何一个定理。"

笑：原来如此，相似三角形的定理能用来证明直线可以用一次方程表示。

令 $x=0$ 时直线上的点为 $L(0, b)$，$x=1$ 时直线上的点为 $M(1, b')$，$(1, b)$ 为点 N，直线上任意一点为 $P(x, y)$，(x, b) 为点 Q。

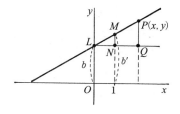

因为 $\triangle LMN$ 与 $\triangle LPQ$ 相似，根据相似三角形定理可知对应边成比例，所以

$$\frac{PQ}{MN} = \frac{LQ}{LN}$$

因此

$$\frac{y-b}{b'-b} = \frac{x}{1}$$

把 $b'-b$ 替换为 a 后可得

$$\frac{y-b}{a} = x$$

$$y-b = ax$$

$$y = ax + b$$

博：因为直线的方程式为

$$y = ax + b$$

所以一个 x 对应一个 y，圆的方程式为

$$x^2 + y^2 = r^2$$

$$y^2 = r^2 - x^2$$

所以

$$y = \pm\sqrt{r^2 - x^2}$$

一个 x 对应两个 y。

那么，这就不能称为函数了吧？

笑：如此说来，函数规定 x 与 y 是一一对应的吧？

三四郎：的确如此。你发现了很重要的一点。从严格意义上来讲，函数要求 x 与 y 一一对应，所以 $y = \pm\sqrt{r^2 - x^2}$ 不是函数。

笑：那么这种情况叫什么呢？

三四郎：此时不能称其为函数，而叫作关系。

多对多的对应关系

博：我想稍微了解一下所谓的关系。

三四郎：好啊。在此之前需要一些准备知识。首先，我必须向你们介绍一下集合。对了，你们在学校应该学过集合了吧？

笑：确实学过，但是没学太明白。总是感觉看似简单，却又很难掌握。

三四郎：最好不要认为它太难。集合就是什么东西汇总而成的集体。

对了，博在练柔道吧？

博：是的。不过，我还不是很厉害。

三四郎：这倒无所谓。你说过最近有个比赛，对吧？

博：是的。和隔壁班进行了比赛，我们班赢了。

三四郎：你还记得当时的分组情况吧？

博：嗯，我记得。我们每个班派出 7 名选手，以淘汰赛制决定胜负，最终我方因剩下 2 人而取胜。

三四郎：请画图来解释一下吧。不必写出选手的名字，标记背部号码即可。

博：好的。那就令我们班的选手为

$$A = \{a_1, a_2, \cdots, a_7\}$$

令隔壁班的选手为

$$B = \{b_1, b_2, \cdots, b_7\}$$

A 和 B 均为集合。

另外，胜负对应表如下图所示。

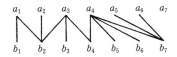

三四郎：好。首先，这里有 A 和 B 两个集合。每个集合各含 7 名成员。

笑：也就是集合的元素，对吧？

三四郎：是的。A 和 B 这两个集合的元素之间构成一种"对手"的对应关系。连线表示了这种对应关系。

博：这种对应关系与之前的相比似乎略有差异。至少不是一对一的对应。

笑：岂止如此，也不是多对一的对应。从 A 到 B 的对应，例如

这些不是多对一的对应；从 B 到 A 的对应也不是多对一的对应。

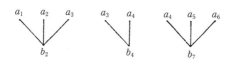

博：所以，可以说是多对多的对应吧。

用图表表示

三四郎：这种多对多的对应叫作关系。让我们想想如何用图表来表示这种关系吧。

笑：由于这种关系与函数极为相似，同样用横纵两轴来表示 A 和 B 怎么样？

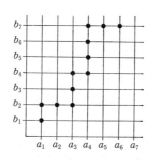

博：原来如此。那么，可以用坐标中的点来表示此前的连线。

笑：用这样的图表来表示关系，多对多的对应一目了然。

博：例如经过 a_3 的垂线上有 b_2、b_3 和 b_4 这三个点，由此可知

存在这种对应关系。反之，经过 b_2 的水平线上有 a_1、a_2、a_3 这三个点，由此可知

存在这种对应关系。

笑：图表不仅能用来表示函数，也能用来表示关系。

三四郎：除此之外，你们还能想出其他涉及关系的例子吗？

博：我朋友田中的叔叔住在四国，我和田中、山本三个人在暑假期间去那位叔叔那里玩了。回来的时候，那位叔叔家的 5 位亲戚来到港口给我们送行。当时我们互相道别，我觉得那种场景正是现在所学的关系。

船上有 3 个人，用背部号码的方式标记为

$$A = \{a_1, a_2, a_3\}$$

码头上有 5 个人。

$$B = \{b_1, b_2, b_3, b_4, b_5\}$$

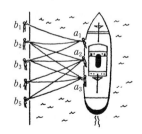

如图中的连线所示，船和码头之间交互着道别声。

这是多对多的对应关系吧？

三四郎：原来如此，你想到了一个很有趣的例子。那么，请用图表来表示一下吧。

博：若把 A 画在横轴、B 画在纵轴，则如下图所示。

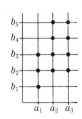

三四郎：我再给你们出一道题。

黑白两色的棋子摆成一条直线。

请用图表表示此时"黑白相邻"的关系。

笑：还是按照此前的做法赋予每个棋子背部号码。

○ ● ● ○ ○ ● ○ ● ○ ○
$a_1\ b_1\ b_2\ a_2\ a_3\ b_3\ a_4\ b_4\ a_5\ a_6$

集合为

$$A = \{a_1, a_2, a_3, a_4, a_5, a_6\}$$

$$B = \{b_1, b_2, b_3, b_4\}$$

"相邻"的关系图表为

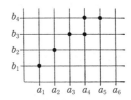

博：这是把 A 画在横轴、B 画在纵轴上的情况，反过来把 A 画在纵轴、B 画在横轴上也可以吧？

三四郎：当然，哪种都行。

笑：A、B 互换之后的图表则如下图所示。

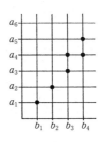

博：以倾斜 45° 的直线为轴，把上图翻过来就变成了下图。

"……的上面放着……"的关系

三四郎：前面提及的集合 A 和 B 均为不同的两个集合，下面我们来思考一下 A 和 B 为同一个集合的情况吧。

书桌上面放着 5 本书。

我们用图表来表示一下此时的"……的上面放着……"的关系吧。例如用坐标 (1,2) 来表示"1 的上面放着 2"吧。以此类推，便可得到下图。

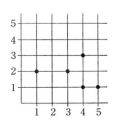

笑：原来如此。这样一来，我们只要看图便知 5 本书错落叠放的样子。

三四郎：那么，如果这 5 本书如下图摆放，对应的图表会是什么样呢?

笑：会变成下面的图吧？

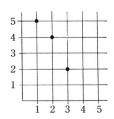

博：无论如何摆放这 5 本书，都有与之对应的图表。

"相邻"的关系

三四郎：下面我们来思考点别的问题吧。

请说出四国地区都包括哪些县。

博：{ 香川，爱媛，德岛，高知 }，对吧？

三四郎：下面请画出表示这四个县"相邻"的图表。

博：没有四国地区的地图，不知道怎么画。我只记得大概的

位置……

笑：我带地图来了。

博：参照地图我就能画了。

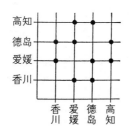

三四郎：很好。下面请同样画出九州等各地区的"相邻"图表吧。

博：可以边看地图边画吧？

三四郎：当然，可以看地图。

"能整除"的关系

三四郎：下面我们来做这样一道题。请用图表来表示 12 的约数集合中两个元素之间"能整除"的关系。

博：12 的约数集合为

$$\{1, 2, 3, 4, 6, 12\}$$

笑：画该图表的第一步是在横纵两轴上标记 {1, 2, 3, 4, 6, 12}。例如在点 (2, 6) 画上标记以表示"2 能整除 6"。以此类推，便可得到下图。

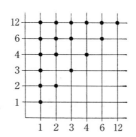

三四郎：很好。

笑：用图表来表示关系的思维在前面就已经出现过了，例如圆的方程 $x^2+y^2=r^2$ 所表示的关系。

当集合 A 和 B 为有限集合时，其图表自然为离散的有限个点。然而，当集合 A 和 B 为类似于全体实数那种无限集合时，就变成了无穷个连续的点的集合。

三四郎：总之，区别只不过是有限集合与无限集合罢了。可以说思路是一样的。

练习题

1. 两支队伍 $A=\{a_1, a_2, a_3, a_4, a_5\}$ 与 $B=\{b_1, b_2, b_3, b_4, b_5\}$ 进行柔道比赛，第一回合产生了下面的比赛结果。

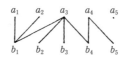

第二回合的结果如下。

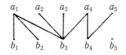

请用图表来表示以上关系。

2. 某个学校教师的集合为 $A = \{a_1, a_2, a_3, a_4, a_5, a_6, a_7\}$，班级的集合为 $B = \{b_1, b_2, b_3, b_4, b_5, b_6, b_7\}$，教师与授课班级间的关系如下。

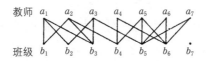

请用图表来表示这一关系。

请调查你所在学校的相关情况，并把关系用图表表示出来。

3. 请求解 24 的约数集合，并用图表表示元素之间"能整除"的关系。

4. 某个家族的亲子关系如下图所示。

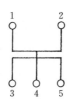

请用图表表示以上亲子关系。

19. 微分与积分

三四郎：最后我们来谈一谈微分与积分吧。

博：微分与积分是上高中才学的内容，初中生理解不了吧？

三四郎：那么，我们就不提了？

笑：不，您一定要教教我们。我现在就想了解微积分。

瞬时速度

三四郎：那我就讲讲吧。首先我们来思考一下这样的问题。某人驾驶车辆因超速被抓，违章详情为超出规定时速 50km。

该人向骑着摩托车的交警抗议道：

"我从家开到这里的距离为 10km，总共用了 15 分钟，所以时速为 40km，并没有超过 50km。"

该人的抗议是对的吗？

博：感觉好像没毛病……

笑：不，这种抗议是不对的。我认为，如果该人从家出发后一直以同一速度行驶的话，那么这种抗议就是对的。也就是说，平均速度的确为每小时 40km。可是，途中会遇到信号灯而停车或因堵车降低车速的情况，这辆车不会以同一速度开过来。所以，这辆车反而可能在某处发生了超过规定时速 50km 的情况。该人肯定是在超出时速 50km 的瞬间不幸被抓的。

三四郎：也就是瞬时速度超过了每小时 50km。

博：原来如此，该人是因为瞬时速度违章的。

三四郎：瞬时速度的观点就是微分的出发点。

博：如此说来，如果看到交警在路边测车速，说明他们正隐藏于极其临近的两个点测量车辆通过时间。

如果车辆在 2 秒内行驶 30m 的距离，那么速度为 15m/s，换算成时速为

$$15m \times 60 \times 60 = 54000m = 54km$$

所以时速为 54km。

笑：严格来讲，这也不是瞬时速度，而是 2 秒间的平均速度，速度在此时间内可能发生过微小的变化。

博：但是，只要车辆在这 2 秒内有达到时速 54km 的瞬间，那么也有超过时速 54km 的瞬间吧？那么，该人依然难逃违章。

牛顿的观点

三四郎：通过观察汽车仪表盘，谁都知道有瞬时速度这个东西。牛顿从这一思路想到了微分。

笑：这么简单的事，我也能想到……

博：开车的人只要看一眼时速表就能立马知道瞬时速度。

三四郎：然而，牛顿时期既没有汽车也没有时速表。所以，牛顿是在大脑中思考出来的。

笑：微分产生于那么久远的时代啊，牛顿果然很伟大。

博：可是，现在所有人都知道了。

三四郎：300 年间人类的认知能力取得了如此巨大的进步。

牛顿

笑：现在不仅高中生都知道微分，就连初中生稍加学习也能掌握。

三四郎：那你们就学学吧。言归正传，若令某辆汽车在时间 t 内的行驶距离为 y，则 t 的函数可表示为 $y=f(t)$。

此时，从时刻 t 到时刻 $t+h$，车辆的行驶距离是多少呢……

博：$f(t+h)-f(t)$，对吧？

三四郎：那么此时的平均速度是多少呢？

笑：用行驶距离除以时间就行了。

$$\frac{f(t+h)-f(t)}{h}$$

三四郎：那么，如何求解时刻 t 的瞬时速度呢？

博：嗯……不断缩短时间 h，让分数 $\dfrac{f(t+h)-f(t)}{h}$ 逐渐接近

某个值，该值终将变为时刻 t 的瞬时速度。

三四郎：如果 $f(t)=t^2$ 的话，情况如何呢？

笑：

$$\frac{f(t+h)-f(t)}{h}=\frac{(t+h)^2-t^2}{h}=\frac{t^2+2th+h^2-t^2}{h}$$
$$=\frac{2th+h^2}{h}=2t+h$$

如果不断减小 h 的值，那么 $2t+h$ 就会逐渐接近 $2t$。$2t$ 就是时刻 t 对应的瞬时速度。

三四郎：确定了这样的值后，当 $y=f(t)$ 时，我们把 t 时刻的瞬时速度叫作 $f(t)$ 的微分系数，记作 $f'(t)$。此时

$$f'(t)=2t$$

$f'(t)$ 又是 t 的函数，所以将其命名为导函数。因为它是"由 $f(t)$ 推导出的函数"。

另外，把由 $f(t)$ 到微分系数 $f'(t)$ 的计算过程叫作函数 $f(t)$ 的微分。

博：原来如此，这样的话我们初中生也能理解了。

三四郎：让我们用其他的符号来表示 $\frac{f(t+h)-f(t)}{h}$ 吧。h 是 t 的变化量，可以用 Δt 来表示，因为 $f(t+h)-f(t)$ 是 $y=f(t)$ 的变化量，所以可以用 Δy 或 $\Delta f(t)$ 来表示。

笑：Δt 并不是 $\Delta \times t$ 的意思吧？

三四郎：当然不是。它表示"t 的微小变化量"的意思。Δt 是一个符号，Δ 与 t 不可拆开使用。

博：Δy 也是如此呗？

三四郎：是的。Δ 是英语 difference（差）的首字母 d 被希腊字母 Δ 替换了。

笑：如此一来，这个分数便可写成

$$\frac{f(t+h)-f(t)}{h}=\frac{\Delta y}{\Delta t}=\frac{\Delta f(t)}{\Delta t}$$

博：从 $y=f(t)$ 这个函数的角度来看，Δt 为输入或自变量的变化量，Δy 为输出或因变量的变化量。所以这个分数的意思为

$$\frac{输出的变化量}{输入的变化量}$$

笑：当 Δt 逐渐接近 0 时，如果这个分数近似于某个确定值的话，那么它就是 t 时刻的瞬时速度。

$$\frac{\mathrm{d}y}{\mathrm{d}t}$$

三四郎：让我们用箭头来表示这个分数逐渐接近某一确定值 l 吧。

$$\frac{\Delta y}{\Delta t}\longrightarrow l$$

在前面的例子中，若 $y=t^2$，则

$$\frac{\Delta y}{\Delta t} = 2t + h \longrightarrow 2t$$

当 $\frac{\Delta y}{\Delta t}$ 接近某个值时，用 $\frac{dy}{dt}$ 来表示该值，即

$$\frac{\Delta y}{\Delta t} \longrightarrow \frac{dy}{dt}$$

博：Δ 变成了 d。

三四郎：$\frac{dy}{dt}$ 这个符号是莱布尼茨想出来的，这是一个很实用的符号，所以历经 300 年至今仍在被我们广泛使用。然而，正因为这个符号使用起来巧妙便捷，如果稍不留神就会出错。

第一，dy 并非 d×y，dt 并非 d×t。因此，不能把 $\frac{dy}{dt}$ 看作 $\frac{d \times y}{d \times t}$ 而把 d 约掉变成 $\frac{y}{t}$。

第二，尽管 $\frac{dy}{dt}$ 这个符号本身为分数的形式，但是它的意思不是 dy÷dt，它只是一个由多个字母集成的符号。

博：我有点明白了。

汽车的中控台排列着各种各样的仪表，其中包括时钟、里程表和车速这三个仪表。如果用时间 t 来表示时钟，用距离 y 来表

示行驶里程，那么车速则用 $\dfrac{\mathrm{d}y}{\mathrm{d}t}$ 来表示瞬时速度。

三四郎：你发现了很重要的一点。确实如此。

博：那么，如果我们完全了解函数 $y=f(t)$，就能计算出 $\dfrac{\mathrm{d}y}{\mathrm{d}t}$。

笑：也就是说，汽车即使没有速度计也行。

三四郎：理论上是可以的。但是，$\dfrac{dy}{dt}$ 的计算并不简单……

博：即使速度计出现故障，只要时钟和里程表能正常工作，也应该可以利用微分算出速度计应该显示的瞬时速度。

积分

三四郎：你们对微分的作用已经非常清楚了吧？

下面我们假设时钟和速度计能正常工作，而里程表出现了故障，该怎么办呢？也就是说，已知 t 和 $\dfrac{\mathrm{d}y}{\mathrm{d}t}$，求 y。其实这就是积分。

博：实际上该怎么计算呢？

三四郎：让我们思考一下吧。假设汽车行驶了 10 分钟，驾驶员每隔一分钟观察一次速度计，车速如下。

t（分）	0	1	2	3	4	5	6	7	8	9	10	…
$\dfrac{\mathrm{d}y}{\mathrm{d}t}$（km/时）	40	44	46	42	40	42	44	46	48	52	…	…

如果有这么多的记录，即使没有里程表也能知道汽车行驶的距离。

笑：最初的 1 分钟内车速为 40km/h，因为 1 分钟等于 $\frac{1}{60}$ 小时，所以这 1 分钟内汽车的行驶距离为

$$\left(40 \times \frac{1}{60}\right) \text{km}$$

下一个 1 分钟内汽车的行驶距离为

$$\left(44 \times \frac{1}{60}\right) \text{km}$$

再下一个 1 分钟内汽车的行驶距离为

$$\left(46 \times \frac{1}{60}\right) \text{km}$$

……

我认为把每个 1 分钟内汽车的行驶距离相加就可以了。

$$40 \times \frac{1}{60} + 44 \times \frac{1}{60} + 46 \times \frac{1}{60} + 42 \times \frac{1}{60} + 40 \times \frac{1}{60} + 42 \times \frac{1}{60}$$
$$+ 44 \times \frac{1}{60} + 46 \times \frac{1}{60} + 48 \times \frac{1}{60} + 52 \times \frac{1}{60} = 7\frac{24}{60} = 7.40$$

所以，汽车行驶 10 分钟的距离为 7.40km。

三四郎：可以这样计算吧。这是"先乘后加"的计算。

博：我觉得基本上能这么计算，但是稍微有点问题。最初的 1 分钟内汽车行驶距离为 $40 \times \dfrac{1}{60}$ 的计算是假设这 1 分钟内汽车匀速行驶的。然而，如果仔细观察的话，这 1 分钟内速度计的指针可能会发生轻微的晃动。也就是说，这 1 分钟内车速未必是恒定不变的。所以，这种计算应该是有出入的。

三四郎：你发现了非常重要的一点。也就是说，这种计算方式是基于汽车在 1 分钟内匀速行驶的假设。

笑：听您这么一说，还真是如此。不过，误差微乎其微吧？叔叔您驾驶技术高超，我们坐您的车时速度计的指针几乎不动。

博：这倒是真的。不过，叔叔您在掌握平稳驾驶技巧之前也控制不好车速。对于过去的叔叔您来说，这种计算的出入就会很大。

三四郎：请不要提过去的事了。

那么，要想这种计算更加准确，该怎么办呢？

博：我认为把每隔 1 分钟记录一次车速换成每隔 1 秒记录一次，然后再进行计算就可以了。

t（秒）	0	1	2	3	4	⋯
$\dfrac{dy}{dt}$（km/ 时）	40	40.2	40.4	40.5	⋯	⋯

笑：这么做确实更加精确，但是每隔 1 秒记录一次太麻烦了。

博：人的眼睛做不到的话，可以用摄像机拍摄速度计进行记录。

三四郎：这就没问题了。那么请根据上面的表格进行计算吧。

博：因为 1 秒 $= \dfrac{1}{60} \times \dfrac{1}{60}$ 时 $= \dfrac{1}{3600}$ 时，所以只要进行以下计算就可以了。

$$40 \times \frac{1}{3600} + 40.2 \times \frac{1}{3600} + 40.4 \times \frac{1}{3600} + \cdots$$

这仍然是"先乘后加"的计算。

三四郎：更加确切地说，这是"先分解再乘后加"的计算。

笑：啊，这也太麻烦了。因为 10 分钟可分解为 600 个 1 秒，所以要进行 600 次乘以 $\dfrac{1}{3600}$ 的计算。

这样计算确实比每隔 1 分钟记录一次车速的结果更接近实际的值，然而这也不能堪称绝对准确的值。如果仔细观察 1 秒间的速度计，也会发现它的晃动，所以不能称之为匀速。

三四郎：确实如此。不止 1 秒内，就连 $\dfrac{1}{10}$ 秒内和 $\dfrac{1}{100}$ 秒内，乃至 $\dfrac{1}{1000000}$ 秒内，都不能说是真正意义上的匀速。所以，无论进行多少次"先分解再乘后加"的计算后得到接近实际值的结果都不会是真正的实际值。

但是，我们能够推测结果接近什么样的值。这种方法就是积分。

因此，可以说，所谓积分就是指

分解

乘

加

进一步分解

乘

加

进一步……

……

……

这种连续不断的计算。

笑：分解得越细越接近正确的值，但同时不得不进行大量的
加法运算。真是左右为难啊。

博：我感觉这种计算没有尽头。

牛顿 - 莱布尼茨公式

三四郎：不过，有办法解决这个问题。

笑：怎么解决呢？真是不可思议。

三四郎：有个方法能够一下子计算出结果，它就是牛顿 - 莱
布尼茨公式。

博：我一定要了解一下。

三四郎：让我们利用图像来研究一下吧。

假设横轴为时间，纵轴为瞬时速度。随着时间从 0 分向 10 分推移，汽车的速度将描绘出一条曲线。

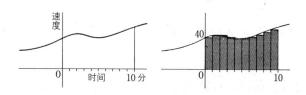

此时如果每隔 1 分钟对速度进行记录，那么最初的 1 分钟内汽车行驶距离 $40 \times \frac{1}{60}$ 为最左边的长方形面积，下一个 1 分钟内汽车行驶距离 $44 \times \frac{1}{60}$ 为其右侧相邻的长方形面积。……

把 10 个 1 分钟内汽车行驶距离全部相加就变成了图像中阴影部分的面积。

笑：原来如此，随着时间的不断分解细化，计算结果会逐渐接近曲线与横轴合围部分的面积。

博：那么，积分将变成了计算曲线与坐标轴围成图形的面积。

三四郎：回答得真漂亮，可以这么说。

笑：这就简单多了。我原以为积分是高深莫测的数学难题呢。

三四郎：其实思路极其简单。圆面积的计算公式 $\pi \times (半径)^2$ 就是使用积分思维推导出来的。只不过当时还没有积分这种说法……

博：因为曲线比圆复杂得多，所以求解面积也不简单吧？

三四郎：的确如此。不过，牛顿与莱布尼茨发现了战胜这一困难的方法。

笑：我好想快点了解该方法。

三四郎：下次我再向你们介绍。今天仅简单给出下面的提示吧。

微分计算的反向计算就是积分，用数学语言来说就是微分与积分互为逆运算。

博：可以说加法运算与减法运算互为逆运算吧？

三四郎：没错。

博：二次方与平方根也互为逆运算。

三四郎：数学中有很多这样的逆运算。

笑：在分解细化之前，微分进行"先减后除"的计算，而积分则进行"先乘后加"的计算。

微分的详细计算过程如下：

分解细化

减

除

进一步分解细化

减

除

进一步……

……

……

连续不断地计算下去。

三四郎：牛顿和莱布尼茨最先发现了这一规律。

博：什么？这也没什么难度啊。

笑：可是，这就好比"哥伦布的鸡蛋"，第一个想出办法是非常不容易的。

20. 学习指南

数学的自由

通过阅读前面问答形式的内容，我想大家已经理解了函数的含义、产生背景和应用场景等。

另外，有人可能觉得函数是一种非常有趣的思维方式，打算对函数开展更加深入的学习。

于是，我为这样的读者在此准备了"学习指南"。

首先，我想申明一点。关于数学这门学问的性质。

如果我问数学是一门怎样的学问，我想大多数人的回答是：

"这是明摆着的事。首先提出问题，然后对其进行计算，最后得出答案。这就是数学。"

这种观点意味着学习数学的人如同计算机一般，计算性能高的为优等生，而计算性能低的则为劣等生。

倘若果真如此的话，那么学习数学不就成了枯燥乏味的工作了吗？活生生的人要变成计算机吗？然而，认为数学就是如此的人可能出奇的多。万一读者中也有人持此观点，请一定要扭转观念。

数学绝不是这样一门学问。

与其他学问一样，数学是由活生生的人自由思考而产生的学问。因此，学习数学要始终勤于思考，为创造出新的学术成果不断努力。如果变成计算机那样只会机械地计算，是完全不行的。

尽管计算机是人类忠诚的仆人，但它无法自主思考。它能够根据主人的命令提供完全正确的答案。但是，如果没有主人的命令，它什么也做不了。

集合论的创始者康托尔（Georg Cantor，1845—1918）曾说过这样的话，"数学的本质在于它的自由。"

这句话完美诠释了数学的本质。

但是，读者中可能有人无法轻易相信数学的本质在于它的自由。

"我认为世上没有比数学更不自由更死板的学问。因为 2+3 只能等于 5，不能等于其他的 6 或 4 什么的。我认为数学是距自由最遥远的学问。"

如果读者中有这样的人，那么我也决不勉强劝说。数学确实要求严谨，比如 2+3 只能等于 5，不允许有一丝误差。

如果只看这一面，那么数学确实让人觉得与自由毫无关系。但是，数学还有很多其他的侧面。

例如，莱布尼茨首次提出本书的主题——函数时，他应该是完全自由思考的。

无论是

$$2x-3$$

还是

$$x^2 - 5x + 2$$

都可以统一归于函数的思维范畴，而且当莱布尼茨想到这种函数会成为未来数学发展的指路明星时，他的大脑活动肯定是自由的。

此外，读者们通过阅读本书理解了莱布尼茨的观点时，大家的大脑中也充满了自由。我想这么说绝对不过分。

在各种学科的学习和日常生活中，大家都体会过自由思考或者想到某种创意时所获得的喜悦之感吧？

其实，数学的本质在于它的自由也是如此。而且，数学的世界里充满了这种自由。

小学的算术中应该到处都是这种自由，初、高中的数学中的自由也会越来越多，深度也不断随之增加。

卷土重来

众所周知，与其他学问相比，数学的理论性更强，宛如建造一座大厦，要在坚固的地基之上垒上墙、柱和梁。因此，学习数学必须从地基出发，一步一步地向上攀登。这个道理如今依然是不言自明的。

因此，当学习遇到瓶颈时，最好暂时停下前进的脚步，重返地基的起点再出发。可能有人认为这种方式不可取，因为会浪费大量的时间。

那么此时请想起下面这两个成语。

"卷土重来"

"欲速则不达"

数学中的起点指的是相当于建筑地基的基础知识。例如，本书中的函数也是其中一员。

请重返起点，一步一个脚印地再次上路。虽然所走的道路与之前别无二致，但走起来应该轻松多了，而且之前没有解决的难题也会迎刃而解。如果重走一遍仍不见效果，那就请再次返回起点重新出发。倘若不断重复下去，一定能解决问题。

这种学习方法比较费工夫，性急的人可能会不喜欢。

但是，这种方法是最正确的数学学习法。

这种方法不仅正确，正如成语"欲速则不达"所说，其实也是最快捷的学习方法。

写给讨厌数学的人

如果向小学一、二年级的学生们提出最喜欢哪个科目的问题，那么会有很多孩子回答"算术"。

但是，到了五、六年级，讨厌算术的学生就慢慢多了起来。到了初中，讨厌数学的学生会变得更多。

为什么会这样呢？答案是显而易见的。那就是"学不懂"。

一旦出现一处不懂的地方，后面的内容就学不懂了。数学具有这样的特性。这就好比阅读长篇小说时出现了缺页的情况，读者将无法掌握后面的情节。

举个例子，可能有人会因病请假耽误了学习，导致学不懂此后的数学知识，从此变成讨厌数学的人。

面对这种情况该怎么办呢？当然，前文提到的"卷土重来"也是一种方法。也就是说，重返此前已经掌握的数学地基再出发。这是一种正攻法。

不过，也有其他方法。比如应该叫作奇攻法的方法。当诸如函数等新观点出现的时候，暂且不顾此前不懂的地方，尝试学透新的内容。这样一来，即使此前有不懂的地方，也会意外顺利地掌握新知识。大多数情况下，在新观点的基础上重新审视此前不懂的地方，反而豁然开朗。新观点拥有将学习者推向更高站位的魔力，所以使其获得更加开阔的视野。这就好比登山，站得越高看得越远。

因此，如果你通过阅读本书理解了函数，请重新认识一下小学所学的分数、比例和代数计算等内容。你一定会比此前学得更加通透。

参考书推荐

我向大家推荐几本这种类型的参考书。

1. 远山启的《数学入门》上下两卷（岩波新书）

有关函数的内容出现在这本书的下卷，你也可以将上卷作为

"起点"来重新认识。下卷主要介绍函数，也对入门级的微分积分进行了深入浅出的说明。

2. 宫本敏雄的《映射与函数》（明治图书）

对于还想进一步学习函数的读者，我向你推荐宫本敏雄的《映射与函数》。这本书的难度有点高，练习题也比较丰富，很适合还想稍微深入学习函数的人阅读。

3. 埃里克·坦普尔·贝尔（Eric Temple Bell.）著，田中勇、银林浩译的《数学大师》①（全4册）（东京图书，早川文库）

对于想要了解笛卡儿、牛顿、莱布尼茨和拉格朗日的读者，请阅读埃里克·坦普尔·贝尔的《数学大师》。

---

① 中文译本为上海科技教育出版社的《数学大师：从芝诺到庞加莱》。

后记

　　人们普遍认为函数是数学中很难理解的知识。该如何向所有人解释清楚函数呢？带着这样的问题，我写下了本书。

　　我想尽各种办法，从各个角度对难懂的函数进行解释说明，不知我是否讲明白了。

　　这就只能完全交给读者朋友们来评判了。

　　本书采用了不同寻常的对话体。因为我认为这种文体能让读者更容易理解，同时我也更容易解释。如果换成普通的说明文文体，就会变为单向授课的形式，大家的疑问完全得不到回应。然而，对话体只要遇到难懂的地方，就会让登场人物提出各种各样的问题，我能够解释得非常详尽。而且，通过登场人物的对话，我们可以从各种角度对同一个问题进行深入思考。

　　我想读者朋友们在阅读本书时要不断与书中的登场人物产生共鸣，如此一来便能掌握对一个问题的不同看法。

练习题参考答案

第 36 页练习题答案

1. $\left[\dfrac{1275}{7}\right]=182$ ， $\left[\dfrac{534}{13}\right]=41$ ， $\left[\dfrac{614}{15}\right]=40$

第 37 页练习题答案

1. $[x]$ ， $[x+0.5]$ ， $-[-x]$

2. $\dfrac{[10x]}{10}$ ， $\dfrac{[10x+0.5]}{10}$ ， $\dfrac{-[-10x]}{10}$

第 55 页练习题答案

1. A(1, 2), B(−2, 2), C(3, 3), D(6, 4), E(4, −3), F(2, −2), G(−2, −3)

2.

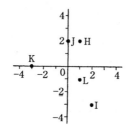

第 67 页练习题答案

0		自变量					
		1	2	3	4	5	
函 数	$2x-3$	-3	-1	1	3	5	7
	$3x+1$	1	4	7	10	13	16
	$4x-3$	-3	1	5	9	13	17
	$x-1$	-1	0	1	2	3	4
	$6x-2$	-2	4	10	16	22	28

第 73 页练习题答案

1. (1) 次数为 2   (2) 次数为 5   (3) 次数为 3

第 86 页练习题答案

1.

$f(\ )$	$g(\ )$	$f(g(\ ))$	$g(f(\ ))$
$2(\ )-3$	$(\ )^2$	$2(\ )^2-3$	$4(\ )^2-12(\ )+9$
$(\ )^3$	$(\ )-1$	$(\ )^3-3(\ )^2+3(\ )-1$	$(\ )^3-1$
$-(\ )$	$-(\ )^3+2$	$(\ )^3-2$	$(\ )^3+2$
$-4(\ )+1$	$3(\ )^2$	$-12(\ )^2+1$	$48(\ )^2-24(\ )+3$

第 96 页练习题答案

1. (1) $f^{-1}(\ ) = \dfrac{-(\ )-1}{3}$

(2) $a \neq 0$ $f^{-1}(\ ) = \dfrac{(\ )-b}{a}$

(3) $f^{-1}(\ ) = \dfrac{-6(\ )-3}{5(\ )-2}$

(4) $f^{-1}(\ ) = \dfrac{-d(\ )+b}{c(\ )-a}$

第 106 页练习题答案

1. $\sqrt{2} = 1.4142\cdots$, $\sqrt{5} = 2.2360\cdots$, $\sqrt{6} = 2.4494\cdots$,

$\sqrt{7} = 2.6457\cdots$, $\sqrt{10} = 3.1622\cdots$, $\sqrt{2.56} = 1.6$

第 112 页练习题答案

1. 当 $y=-3$ 时，$x=1$，$x=-\dfrac{1}{3}$

当 $y=-2$ 时，$x=\dfrac{1\pm\sqrt{7}}{3}$

当 $y=0$ 时，$x=\dfrac{1\pm\sqrt{13}}{3}$

当 $y=2$ 时，$x=\dfrac{1\pm\sqrt{19}}{3}$

当 $y=4$ 时，$x=2$，$x=-\dfrac{4}{3}$

2. 当 $y=-3$ 时，$x=1$，$x=2$

当 $y=-5$ 时，$x=0$，$x=3$

当 $y=-6$ 时，$x=\dfrac{3\pm\sqrt{13}}{2}$

3. 对称轴 $x=\dfrac{5}{4}$

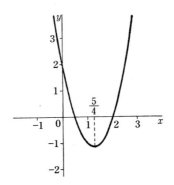

4.(1) $x=\dfrac{1\pm\sqrt{5}}{2}$ (2) $x=\dfrac{-5\pm\sqrt{73}}{4}$ (3) $x=\dfrac{2\pm\sqrt{10}}{3}$

第 126 页练习题答案

1. $f(x)=-\dfrac{3}{2}x^2-\dfrac{7}{2}x-2$

2. $\varphi(x)=x^2-4x+5$

3. $g(x)=\dfrac{3}{2}x^2-\dfrac{11}{2}x+7$

第 131 页练习题答案

1. $f(x) = -\dfrac{1}{12}x^3 + \dfrac{1}{2}x^2 + \dfrac{13}{12}x + \dfrac{3}{2}$

2. $g(x) = \dfrac{5}{8}x^3 + \dfrac{5}{8}x^2 - \dfrac{9}{4}x$

3. $h(x) = -\dfrac{5}{3}x^3 + \dfrac{15}{2}x^2 - \dfrac{53}{6}x + 2$

第 136 页练习题答案

1.

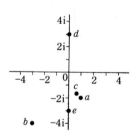

2. $a_1 = 1 + 2i$，$a_2 = -1 + 2i$，$a_3 = 2 - i$，$a_4 = -2 + i$，$a_5 = 1 - 2i$

第 137 页练习题答案

1.(1) $\dfrac{-1 \pm \sqrt{3}i}{2}$

(2) $\dfrac{-3 \pm \sqrt{7}i}{4}$

(3) 1，-3

(4) $-5 \pm 12i$

(5) $-3 \pm 4i$

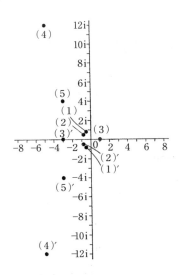

第 154 页练习题答案

1.

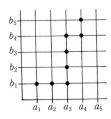 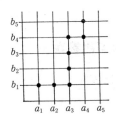

2.

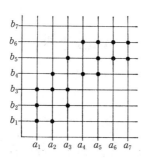

3.

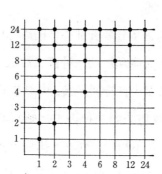

4.

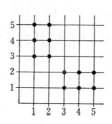

远山老师

我把自己在课上让学生尝试画"源氏香"的情况告诉了远山老师。当然,远山老师了解源氏香这种组香[①]。我在此简单介绍一下我在课上是怎么做的。

所谓源氏香,是指从分装五种香木的香包中随机选取五包依次焚香闻赏,并猜出香木顺序的一种高级游戏。不过,我在课上让学生们思考一共有多少种排列方式,并画出相应的香纹[②]。

若选取的五包香均为同一种香木,则将其排列方式表示为AAAAA,若五包香各不相同,则将其排列方式表示问ABCDE。因此,当然也包括AABCA这种排列方式。那么,一共有多少种排列方式呢?虽然我认为这是一道数学题,但是没有必要搬出什么公式,用绘画的方式进行统计或许更快。

例如下面的图案表示AABBC这种排列方式。想必大家从哪里看过这样的图案。

---

① 具有特定规则的闻香仪式。
② 香纹的画法:先在记录纸上从右到左画五条竖线,代表五种香,然后用横线将自己认为是同样香味的香连起来。

夕颜

这些图案都与《源氏物语》有关，并有"夕颜"、"空蝉"等与图案对应的名字。我在此画出下面几个供大家参考。

（松风）　（空蝉）　（澪標）

在实际上课的时候，我让学生们先在图画纸上画 50 个格子，然后在每个格子中画上图案，并规定不能出现重复的图案。我一说完，学生们就饶有兴致地开始画了起来。大多数学生毫无章法，沉浸在画出有趣图案的兴奋中，然而不一会儿就意识到出现了重复的图案。由于规定图画纸上不能出现两个相同的图案，要想画出不重复的图案，就必须从头开始逐个检查之前已经画好的图案。

当时有一个学生引起了我的注意。他按照

AAAAA AAAAB AAABB AABBB ABBBB …AAABC

这种排列方式有序地画着每个图案。在这种情况下，AAAAA 和 BBBBB 的图案是相同的。

我向远山老师表达了自己对那这位学生思维方式的钦佩之情。当时远山老师是这么说的：

"可以说，数学就是有序思考。"

这句话的意思是，那位学生当时在用数学思维画香纹。

* * *

当时远山老师住在横滨市，我曾前去家中拜访。事情是这样的，我画过《比一比、想一想》和《不可思议的魔法机器》，福音馆书店的藤枝澪子想把这些绘本做成一个系列，统称为《走进奇妙的数学世界》[①]。但是，我拿不准这些绘本能否堪称数学，所以我决定前去远山老师家请教他。我想那大概是我第一次见远山老师。

我曾读过《无穷与连续》和《数学入门》等岩波新书，所以对远山老师的大名早就有所耳闻。我想能与老师本人见上一面也是非常荣幸的。

读者朋友可能对我上面所说的话持怀疑态度，但是当时对于我的绘本能否堪称数学，我是真的没有把握。

说个题外话，当时我吃了老师为我准备的橘子，我至今还对本人仿佛在自己家一样粗鲁的吃相懊悔不已，现在每次吃橘子的时候我都要提醒自己注意形象。

对于《走进奇妙的数学世界》，远山老师给予了肯定性评价。用数学术语来说，他认为这本书画出了具有"一一对应（映射）"

---

① 全套绘本涵盖 13 种基本数学思想，层层深入，完美地阐释了数学的本质。以两个小矮人对话的形式贯穿全文，讲故事、出谜题、做游戏，游戏背后蕴藏数学概念让孩子以最简单、最科学的方式走近数学，爱上数学！

关系的"函数"。得到了远山老师的权威性鉴定后，这本书才得以问世。

有一次暑假，NHK 的制片人堀江先生问我能否录制一个月的数学节目。由于我确实无能为力，所以推荐了清水达雄①。

在我眼中，清水达雄是一位特立独行的数学家。他对我的《走进奇妙的数学世界》给予高度赞扬。他能够理解我所创造的"乐趣"，至今我们仍保持联系。不过，现在想来他那种专家能够在节目中出镜简直令人难以置信。

他曾扬言："我想让大家在电视上看到电子计算机"。当时电脑还没有普及，人们能想象到的电子计算机的大小基本和行李箱差不多。当时富士通公司的设备过于巨大，光运费就得花费 100 万日元，所以清水达雄这一愿望最终没能实现。后来堀江和我经常冒着冷汗说起这段有趣的经历。

另外，清水打算让远山老师在节目中出演一次。这难度与此前的电子计算机事件差不多，不过清水总算实现了这一壮举。之所以这么说，是因为当时远山老师与文部省关系不好，相当于上了黑名单，所以根本就别想在 NHK 中露面。当然，清水达雄并非在意这一点的人，而且他十分尊敬远山老师。

远山老师所说的"有序思考"并不仅限于数学问题。无论做什么，走一步算一步地从有趣的地方着手都将错失真正的乐趣。总之，要不断连接思维的链条，一边小心求证一边延伸链条，逐

① 清水达雄，生卒年不详，日本数学家。

步向真理迈进。如果链条中存在个人误解、错误、捉摸不透的地方，即使乍一看链条似乎完整，其实也已经出现断点，以致无法向前延伸。

这种情况不只是出现在数学的学习研究中，我们在日常生活中也会经常遇到。或许我在这本书中写得有些夸张而令人焦虑，但即便是人们眼中的科学家也有在科研过程中思维链条出现断点而走上歧途的情况。

例如，勾股定理为什么成立？这也是通过思维的链条完成证明的。勾股定理的证明完美得毋容置疑。如果有人质疑，可以通过实验证明来进行佐证。

在这种情况下，勾股定理看上去类似于我们有序思考的模型。这个例子比较简单，但是感觉像是更加复杂的思维训练。

数学的思维也并非只有解决问题才叫本领。从理想的角度看，我认为发现问题本身才是真正的目标。

*　　　*　　　*

我还画了绘本《数字圈圈》。在这本绘本中，把人看作圈圈，通过数圈圈的个数来处理计算问题。这是我们平时经常做的事，但由于在这种情况下不分男女，把所有人都看作圈圈，所以这是一种很抽象的操作。

我们把所有事物都看作圈圈的抽象化习惯并非今天才形成的。把 10 个这样的圈圈集中到一起就可以进位变成更高级的圈圈。

远山老师想到的是把数字 1 看作像瓷砖那样更加容易整合的形状，把 10 块瓷砖集中起来，看上去是整齐叠放的样子。这一改动对于数学教育而言意义重大。于是，我被动接触了"水道方式"[①]的新主张。

在《数字圈圈》这本绘本中，有圈圈被改成方块的地方。这些地方反映了远山老师的观点，当我画那些方块时，终于理解了水道方式教学法。

然而，当时的文部省对这一具有划时代意义的教育理念并不感冒。

远山老师他们编写了小学生的算术教材，并提出教材审定的申请。当时我正在编写美术的教材，出版社与远山老师所编教材的出版社为同一家，所以我比较清楚当时的事情经过。从一年级到五年级，远山老师他们的教材都是合格的，然而唯独六年级的教材不合格。于是那些教材也就没能出现在教材选用委员会的桌面上。

此事还有个有趣的后续。我曾劝慰远山老师，等细川护熙[②]当首相的时候再申请一次教材审定。之所以这么说，是因为远山老师出生于熊本，作为原领主后代的细川或许会对此事做出什么反应。但远山老师不愿意这么做，他没有采纳我的建议。

---

① 水道方式教学法，一种数学教学法。由日本数学教育议会的远山启等人于 1958 年创立。按"从一般到特殊"的原则，将计算题分类，使之系列化。计算方式因如同城市的自来水设施而称为"水道方式"。

② 细川护熙（1938—），熊本县人，日本第 79 任首相。

然而，如今数学教育的方方面面无不深受"水道方式"的影响。

我在写这篇文章的时候，重新翻开了过去的书。书中出现的远山老师笑容可掬，那种气场连演员都甘拜下风，很少有人能像他这么有存在感。

远山老师既有不苟言笑的严谨一面，也有一笑值千金的一面。当然，远山老师也有必须反省的一面。

远山老师的家人看到书中那张照片时说道："从来没有见过他这样的笑脸"……

安野光雅

2011 年 3 月

版 权 声 明

图灵新知·数学

《数学与生活》系列

《数学女孩》系列

《数学女孩的秘密笔记》系列

《数学女王的邀请：初等数论入门》

《超展开数学约会》

《超展开数学教室》

《用数学的语言看世界（增订版）》

《用数学的语言看宇宙：望月新一的 IUT 理论》

《数学不只有一个答案：16 个问题引发的头脑风暴》

《数学的雨伞下：理解世界的乐趣》

《谁在掷骰子？不确定的数学》

《你没想到的数学》

《数学到底有什么用：如何用数学解决实际问题》

《数学建模 33 讲：数学与缤纷的世界》

《建筑中的数学之旅（修订版）》

《代数的历史：人类对未知量的不舍追踪（修订版）》

《数学那些事：伟大的问题与非凡的人》

《不可能的几何挑战：数学求索两千年》